苦過的回味是甘甜

我就是這樣
學著打造一間感動人的餐廳

陳健宏—口述　蘇日雲—採訪撰稿

陽明春天位於陽明山上，佔地一千七百坪，以蔬食創意料理餐廳為主，加上茶舍、美術館、露天劇場及天然的大片綠地，合為「心五藝文創園區」。試圖結合料理與茶藝、環境、文藝，將料理提昇至藝術層次，並致力於提供更豐富深刻的用餐體驗，將「慢生活」以及「生活即藝術」的理念融入各項服務之中。

創辦人陳健宏有數十年的餐飲經驗，卻因一份偶然的機緣，立下不殺生、不造業之願，毅然決然放棄原有的事業版圖，由葷轉素。天然非加工、養生且健康等如今風行的飲食理念，早在二〇〇六年陽明春天籌備期時便已被提出。在當時素食即素料、信教才吃素，素食極為小眾的市場中，陽明春天作為台灣原食材蔬食料理的先驅，也走過一段開拓市場能見度、扭轉既有成見的艱辛路途。

在素食逐漸推廣普及後，陽明春天更轉型為「蔬食文創園區」，正式將蔬食提昇為一種敬愛萬物、真誠清淨且對地球友善的文化與生活態度，並在園區內引入茶藝、畫作及各種小型展覽和藝術表演，為台灣本土藝術家的創作提供展示的平台。

這樣一個座落於山間的餐廳，不僅將四季韶光流轉及坐擁山林極目可見之美呈現給世人，更將人送回自然、送回感官純粹美好的體驗，送回久違的心靈平靜之中。

自序——

做對的事，去實踐生活中的美好

坐在電視機前，看著新聞畫面中，我們習以爲常的食品添加物對健康的危害一一被揭露；黑心食材令人毛骨悚然的來源或製程，更令受訪的路人大呼驚訝。螢幕那一頭的聲音在問：「我們每天吃下肚的，到底都是些什麼樣的東西？」

我搖搖頭感嘆那些商人被利益蒙蔽了良知。因爲近年來有太多太多這樣的新聞，食安問題一一浮上台面，讓陽明春天從近十年前開業時便始終堅持的「天然非加工、養生又健康」的理念愈發受到社會大衆重視。

我想起二〇〇七年，餐廳開業的時候，那時台灣的素食餐廳非常少。吃素的人大多是出於宗教需求，每天到位於小巷中的素食餐館，吃千篇一律的素料做成的料理。豆類製品加上各種化學香精提煉出肉食的風味，實則嚐起來除了醬汁不同，全都大同小異。而我卻完全不用這些素料，堅持以原食材呈現出蔬果天然的風味。在當時，陽明春天儼然成了素食餐飲界的「異類」。

每天，不同身份的顧客，有政商名流，有國內外的旅館業者及遊客、有來考察或想創業的同行，也有爬山、騎腳踏車經過的人，或者一般的老饕等，每個人來用過餐後，卻總是問我差不多的問題：「爲什麼來做素食？」「爲什麼把餐廳開在山上，用這麼大的地來賣素食？」「你怎麼那麼勇敢，你的理念是什麼？不怕虧錢嗎？」

我想，這本書除了有些理念想要和大家分享外，也可看作對這些問題的階段性回答總整理。

要做一件和當時的市場認知完全不同的事情，是很困難的。陽明春天也曾有過非常慘澹的時期，一整週只有兩位來客。爲了跟更多人結緣、跟更多人分享我們眞的很自豪的美味，我也曾經在用餐後送客人一人一條蘿蔔糕，一送就是好幾年，送到員工都擋著我說：「老闆，你不要再送了啦！」送到連收到蘿蔔糕的顧客都會直接問我：「你們生意又不好，還送我這個，這樣會不會讓你們虧更多錢？」

我也曾經賣車籌錢，再投入經營，只爲了要繼續堅持自己推廣素食的信念。一路上走來，行過很多跌跌撞撞與摸索，這種天然、非加工，以原食材取代素料，呈現出蔬食天然美味的烹調手法，逐漸得到大眾的認可與媒體的關注，也有愈來愈多也想推廣素食，或是見到有利可圖的人前來請益。

有人問我，怎麼能有這樣的眼光，知道十年後養生、天然，不加工亦盡量不過度調味的飲食理念會大行其道？怎麼能夠義無反顧地投入一件沒什麼人在做的事，這件事卻儼然成爲日後的風潮？

我卻想說，那不是眼光，也不是運氣。十年前，從歐洲來的樂活、養生的概念便已經在台灣廣爲流傳，這樣的想法並非我首先預見的。只是當時，我卻發現，人們一面高談樂活養生，一面隨意進食，絲毫不在乎自己從食物中攝取的養分，便是營養與健康最直接的來源；人們一面說要吃得更健康，卻少有人留意各種食材從何而來，烹調時又如何變成送上桌後的模樣；更有甚者，大家都會說天然的最好，可是不加素肉精，顧客便會問說：料理變得沒那麼香了，是不是換廚師了？

眾人都在高呼口號，但要改變長久以來，中式菜系以重調味爲主，烹調時加入許多化學合成物來增強色香味的飲食習慣，卻非常困難。

我想，先別人一步去做對的事，那不是什麼洞見的眼光，也並非是依靠運氣，只是當別人把「樂活養生」當作一種可以膜拜的理想時，我先一步嘗試著將之實踐在生活中而已。對我來說，「樂活」不只是國外引進的新概念，它其實也可以是找回我小時候，傳統社會中原初的那份簡單與純粹。

那份簡單與純粹，要拋開很多講求速成的習慣、要摒棄很多我們習以爲常，卻不利於健康的飲食套路。從一開始獨自研發時無人聞問，到幾年後搭上最先進的飲食風潮，這之間起落之大，常有朋友會對我說：「你眞是個不怕死的人。」這種時候，我總是笑笑地說：「怕死的就先死了，就是怕死才會死。不怕死，路才走得遠。」

別人可能把經營公司當成獲利的一種方式，跟上當下的流行，大賺一筆就對了；我卻是把陽明春天的事業當作一件藝術品來創作，永遠不會有完工了、夠好了的那一天，永遠都走在繼續發展、創新的路上。

當我們苦心的努力終於開出了幾朵小花，結出了一些果實，蔬食在台灣終於變得比較普及、我們的飲食理念也開始被人們所接受時，陽明春天的蔬食創意宴客料理不再顯得那麼特殊了，我便又想著要轉型、要結合文創，繼續帶給顧客新鮮感與更多的深度；要將一路走來至今能夠站穩腳步所得的養分，再分享給更多人。

每天的工作對我來說都是修行，是新鮮與挑戰，當我們可以把一件事情做好的時候，就試著讓一切看起來更簡單，內涵卻更豐富、更有美感。那麼原先習以爲常的事物，馬上就有了新意和挑戰。

作爲商人，我知道有形的投資很重要，那是現在看得到、可以計算獲利的一切；但我更大的投資是：百年以後，當我們不在以後，我們在這個世間做過了什麼。

我用這樣的心意來行事，也用這樣的心意把我人生至今的起落分享給讀到這本書的各位。創辦陽明春天的初心，只是很單純的想貢獻我在餐飲界的所學，將自己認爲對的理念付諸行動；做對的事，目的不是爲了要獲得什麼，只想啓發更多人用正思維去實踐自己生活中的諸般事務。

將近十年，一路走來，要特別感謝啓發我生命智慧的貴人，還有一起努力的團隊，以及所有支持過陽明春天的朋友，和經濟部信保基金對我們文創發展的支持。而最特別想感謝的，則是這一路走來默默支持我的母親與妻子。

陳健宏

二〇一六年二月二十七日

以體驗改變顧客的飲食文化；
以謙卑實踐累積生活的哲學。

CONTENTS

CHAPTER ONE

CHAPTER TWO
起心轉念的機緣——不殺生、天然、食養、環保

用「心」去體驗——打造一間感動人的「蔬食文創」餐廳

CHAPTER THREE

CHAPTER ONE

起初，只是清粥小菜——

In the Beginning

用借來的十萬元白手起家

緩步行來，接近陽明春天時，風的呼嘯變得分明。雨落、山草款擺摩挲的動靜，甚至是自己的呼吸聲，都逐漸清晰可聞。草木的氣味在逐漸冷冽潤濕的空氣中，一點一點漫漶開來。人在城市中時，塵世往往擾攘，此身以外別無長物；但在山中時，人就在天地的懷抱之間。

我常覺得，若僅是爲了吃一頓飯，並不値得一個人風塵僕僕地上陽明山來。人來此，是要來遇見自己、照見自己的心。

站在園區大門前，石徑與草階往深處的扶疏綿延而去。沿著小路看去，彷彿還能依稀望見來時路上的自己，那個曾經憨傻、思慮單純的不經事少年。

回頭想想，一切或許可以從我十五歲那年說起。

落跑黑手

十五歲那年，我手中握的從筆變成了扳手、變成了大盤子和鐵鍋。無論是哪一種，對當時瘦小的我來說，都不是太輕鬆的重量。

那時我剛從國中畢業，身高僅有一百六十公分出頭，沒思考過什麼艱深的事情，只是隨著四季流轉悠哉度日。成績從前面數過來和從後面數過來都差不多，是人群中一抓便可以抓出一大把的，極平凡的孩子。頂著那個年代學校要求的極短的、幾乎都可以看見瓜皮白的平頭，腦袋裡差不多也就像頭皮一樣光溜溜、傻呼呼的。

由於實在對讀書缺乏興趣，國中畢業後，我放棄升學，從高雄奔赴台北投靠奶奶。既無打工經驗，也沒專長，當時的我對於未來毫無想法，「志向」、「抱負」之類的辭彙更是從未出現在我的生命中。奶奶不得已一個一個列舉可以考慮的工作，幾乎把三百六十五行都提過了一遍。那時候仔細聆聽著的我怎麼也想不到，不久之後的我很快就會對別人說出「我們一起偷跑好不好？」用連我自己也意想不到的方式，爲我的第一份工作劃下句點。

我的第一份工作是修車的黑手，只因爲這在當時很熱門，看別人都在學，自然覺得不會差到哪裡去。然就在工作的第一天，我就受到了震撼教育。那年代的師父並不擅長解講、傳授技藝，多半是以夾雜著無數三字經的喝罵來糾正、指導學徒行事。那彷彿永無止境的斥罵，讓我深切地體會到，從前認爲老師的諄諄教誨是世上最煩人之事的自己，其實是多麼的幸福；而「出社會」這簡單的三個字

背後，又有多少的艱辛。

除了師父的責罵時時刻刻無情地潑灑而下之外，黑手的工作內容也不輕鬆。汽車底盤修護，在車子底下一待就是半小時、一小時以上，悶熱和廢氣能將任何一個白淨、香噴噴的人馬上變臭變髒；引擎蓋、零件，處處都沾染著灰塵與黑油；更別提板金震耳欲聾的聲響、烤漆刺鼻的化學溶劑氣味……每天無論洗幾次澡，機油、廢氣、汗味混合而成的臭味和油垢味，永遠附著在身上、髮際、指縫之間；衣服上的污漬和油漬也永遠洗不乾淨。

原本自認不服輸的我，也一天一天被責罵和髒污磨去了毅力。終於，在一個月後的某一天，不想再忍受的我眼見四下無人，壓低聲音悄悄對另一個學徒說：「我們一起偷跑好不好？」他點點頭。幾天後的晚上，第一個月的薪水都還沒領到手，我們就偷偷地溜了。

第二份工作還是修車，因爲已經有了些基礎，比較容易上手，工作狀況也好了許多。然而，五個月後的某一天，我在保養廠開著客人送修的車時，「碰！」的一聲再次讓我陷入窘境：我撞到了客人的車。當時交車在即，師父們的揶揄和罵聲每日不絕於耳：「你呀，闖禍囉！」「看你要安怎賠！」我再急再悔也都無補於事，於是，不知所措的我留下最後一個月的薪水作爲賠償，故技重施，再度開溜了。

小個子V.S.大盤子——不再輕言放棄的關鍵回合

我想，人一開始只是掙扎著求生存，找到自己的定位以後，才有生活可言。而在找到之前，常常就是不知道自己要什麼，卻又覺得什麼都不對、都不想要。

前兩份工作都草草收場，讓幫忙安排的奶奶不住地搖頭。「一年換三百六十五個頭家，回來吃尾牙還早早，就是像你這樣。」她語重心長地對我說：「你沒讀書，又沒一技之長的話，眞的會沒出息。」說實話，當時的我並不清楚怎樣才算是「有出息」，只是，在奶奶眉眼間流露的些許嚴厲與更多更多的擔憂之中，我第一次感受到——「沒出息」必定是件很可怕的事，我不想要那樣。

半年過去，結束了兩份工作，比起半年前初出社會時，我唯一的進展是清楚地認知到：當黑手不適合我。對於自己究竟想追尋些什麼，卻仍舊一無所知。三百六十五行就算少掉一行，也還有三百六十四行呢！面對茫然的我，奶奶說她認識一些餐廳老闆，不然我就去餐廳當學徒吧。

於是，拿著一張寫有地址的紙條，我回到了高雄，在從前立德棒球場旁的厚德福大飯店開始學習。那是一個光是員工餐就可以開十四桌，能夠接待上千名來客的北平菜大飯店。我仍記得到了飯店門口，仰著頭凝視那棟美輪美奐的建築時，內心不敢置信的感受；也記得飯店老闆見到我的第

一句話是：「這個盤子那麼大，你個子那麼小，你行嗎？」天生不服輸的我想也沒想就回答：「行！」

這一次，真的不想再輕易放棄了。

憑著一股初生之犢不畏虎的氣勢，我跟著老闆踏入廚房。眼前所見的是二、三十個廚師人人忙得不可開交，火光和勺鏟在眼前飛舞，煙霧與香氣四處瀰漫，人人手起刀落；而爐頭是我不踩椅子搆不著的高度，鍋子更像洗澡用的大臉盆那麼大，連其他的學徒都比我高上一截。原本既興奮又期待的我，見了眼前的「大場面」，也不免開始緊張了起來。

「從今天起，你可以開始學炒菜了。」

從沒下過廚的我，就這樣進了知名大飯店的廚房。

第一天從洗鍋子開始學起。我站在堆積如山的鍋碗瓢盆和小山似的泡沫之間，又搓又擦，邊偷眼看廚房裡清一色上了年紀的外省叔叔伯伯們，用我幾乎聽不懂的鄉音彼此交談吆喝，邊期待自己將會在這裡學到什麼。卻沒想到，學洗鍋子一洗就是幾個月。

「到底還要洗多久才能學到第一樣東西？」是我剛進廚房時每天都在想的問題。看著飯店裡的五大部門：炒菜部、烤鴨部、點心部、冷盤部、砧板部的師父日日忙進忙出，人人都有一手厲害功夫，我也愈來愈按捺不住自己的心情浮動。

「師父雖然不教，但卻不能阻止我去學。」想通這點以後，我每天都提早兩個小時上班。一早到廚房，其他人都還沒來，我便恭恭敬敬地執起師父們平常絕不讓別人碰的菜刀，幫他們先把刀磨利；再燒一大壺開水，幫師父泡好熱茶。師父一早來了，喝上一杯熱茶，心也暖了。一高興起來，往往就會招招手要我過去，額外傳授我幾手刀工或烹飪的小撇步。

中午兩個小時的休息時間，當其他人因忙了半日又熱又累，正在歇息或找樂子時，我埋首於飯店不要的瓜果菜皮堆中，挑挑揀揀找出勉強還能用的，拿來練習切菜的刀工變化，以及炒菜的翻鍋動作，如此一天就比別人多了四個小時的學習時間。

廚房裡的師父有一點和修車廠裡的師父是相同的，就是他們都不擅長向學徒傳授些什麼。菜餚的製作步驟，調味、火候的細節拿捏，這些事情從來也沒有化爲文字或語言過，唯一可依憑的便是師父一次又一次翻炒的動作、日復一日維持穩定高水準的菜餚成品……於是我也逐漸學會在廚房裡眼觀四面、耳聽八方。師父的每一道菜、每一個動作，能學能記的全都要偷偷拓印在心中；每一次能夠幫師父端菜到出菜口的機會我也絕不放過，總要偷沾一下試試味道，把師父的滋味牢牢記下。

下了班回家，也還不是休息的時候。我會一面跟母親分享當天在飯店裡看到的有意思的菜色，一面列出材料，央求母親隔天來和我一同實驗。在飯店裡，我日復一日、月復一月做著最基本的洗鍋、打雜、跑腿、磨刀工作，回到家則興致勃勃地掌握廚房大權，請家人當我的頭號試吃人員，一一演練白天看到的各色菜餚。

我還記得自己在家做的第一道菜是再簡單不過的番茄炒蛋。備妥材料，我自以爲大廚，架勢十足，像飯店師父們那樣豪邁地倒入大量的油，緊接著一陣暴響，油花四濺霹靂啪啦搞得我手忙腳亂，炒個蛋簡直像打仗一樣慌亂。成果上桌，我自認做得無懈可擊，母親卻驚呼：「我一個月用的油，也沒有你炒一盤菜用的多！」我這才發現，飯店的許多做法和家常菜畢竟還是有些不同。

有些事情現在想來是很有趣的回憶，當年卻曾因此緊張兮兮。比如，廚房裡師父們濃重的北方鄉音很難聽懂，往往一大串話裡我能夠完全理解的一、兩句也沒有，只好邊聽邊猜，還不時要裝懂。不過也有假的裝不了眞，出糗的時候。

有次師父喊我去冰庫拿「佐子」，我接收到指令馬上往冰庫衝，一面卻頭皮發麻地想著：「『佐子』到底是什麼？」想回頭去問師父，卻又沒勇氣，腦中緊張得一片空白，站在一片霜白的冰庫中發了好一會兒呆。直到師父實在等得不耐煩，尋來冰庫問我：「找到『佐子』沒有？」看我一副楞頭楞腦呆站著出神的樣子，師父又多問了一句：「你在想什麼？」我一句話也不敢應，直到看師父拿了蹄膀出去，才知道師父說的是「肘子」，也就是蹄膀。

師父說「大白菜」，聽起來像是「打鼻菜」；「八寶飯」則會變成「把鼻飯」，有時廚房一忙，師父急喝一聲：「去拿打鼻……！」我往往

不知如何是好。

然而隨著日子一天天過去，我不再因爲不熟練而切傷手指被送到醫院了，打雜跑腿的工作也都做得比原先上手。師父的鄉音對我而言不再困難，往往他們才說一句話，我就可以把他們接下來要說的都先做好。日子是忙碌、緊張，卻也是充實豐富的。每天最早到廚房、休息也最少；別人不願做的事情，我通通搶著去做，這一切師父都看在眼裡。

如此過了整整半年，我終於等到那

句令我朝思暮想且無比雀躍的話。師父對我說：「從今天起，你可以開始學炒菜了。」

從洗鍋開始，細節成就了最堅實的入門磚

無數個洗鍋的日子，小心翼翼地把鍋屑殘渣都沖洗乾淨，因為知道那樣才能炒出一盤好菜；每一次看著師父的料理送到出菜口，都貪婪地將那色香形味烙在腦海裡；每一個又是我最早到的清晨，磨刀燒水的時刻內心的期盼，都是為了終有一日能夠獲准下廚。

第一次在飯店裡炒菜，疊起兩大塊木板，站在上頭，我才終於勉強能夠搆得著爐子；要一次翻動幾十人份的大鍋菜對我來說有些困難，只好左右開弓，左手執勺，右手拿鏟，兩手並用來翻菜。飯店用的風鼓爐火力和

家裡的瓦斯爐完全無法相提並論，菜肉一下鍋，反應不夠快，馬上就會焦黑一片。雖然在家裡已經練習了好幾個月，但在家中面對著小小的鍋子，家人因爲深知自己的努力，無論成果如何都會全盤下肚，那種壓力和面對飯店火光熊熊的鍋爐，熱氣直襲而來，師父銳利的目光更從旁邊不時掃射過來的壓力，是完全無法相提並論的。

可以在廚房炒菜，也意味著差不多可以開始負責員工餐的部分菜色了。一次要端出上百人份的料理，面對的又是朝夕相處、深諳美食，因而也比常人嚴格許多的同仁們，那又是不同層次的緊張感。

每回做完員工餐，用餐過後，我必定會不嫌麻煩地一一詢問所有同仁：「今天我煮的菜還可以嗎？有沒有什麼需要改進的地方？」有一次，我都還沒開口，便有同仁在探聽：「今天的員工餐是誰煮的？很好吃欸。」看見他們心滿意足的笑容，我心中的成就感難以言喻。

因爲個頭矮小，平時在廚房裡，大家總是叫我「細漢仔」，並不如何認眞地看待我的種種努力。但只要煮出好吃的菜，衆人看你的眼神馬上就變得不同。那一道道讚許的目光，都成了我不斷努力的動力。

在厚德福大飯店兩年多，每個部門我都待過，而主要還是以炒菜爲主。現在回頭去看，那些學習的日子，是艱辛的，卻也是無比紮實的。飯店對工法、火候、食材的講究，師父對基本功的要求，無數的細節都成了我腳下最堅實的入門磚。兩年多來的許多日子中，也有很辛苦，辛苦得令我忍不住又生出「是否要繼續走下去？」的疑惑，但這樣的疑惑隨著時間愈來愈少。因爲當時開展在我眼前的，是廚藝與飲食無比浩瀚、繽紛，每天都有新鮮事物可學的美好世界。

臨時的救火隊，意外開啟廚藝修行之路的轉捩點

當時飯店裡的師父們上班時揮汗工作，偶爾想偷懶時會把幾道菜交給狀況好的學徒去炒；休息時或下班後，就聚在一起抽菸喝酒，偶爾也打牌賭博。菜好吃最要緊，衛不衛生沒什麼人講究。我曾以為我也會從學徒慢慢升上去，然後變成這樣的人，命運卻為我安排了不同的方向，讓我看見原先視野以外的遼闊天地。

當年的餐飲業奉行嚴格的師父徒弟制，師父若是離開一個地方，徒弟也絕對必須跟著走。所以，當我的師父從厚德福大飯店轉戰中油福利餐廳去當主廚時，我沒什麼猶豫地便跟著去了那邊當廚師。

不久後的某一天，我的師父，也就是該店的主廚，因為跟老闆意見不合，一聲不響便離開了餐廳，也就是俗稱的「吊鼎」，開天窗了。而我也

聽從師父的吩咐，沒再去上班。餐廳開了兩日的天窗後，老闆親自來到我家，問我：「你願不願意代替你師父接主廚的位置？」這樣的大好機會，我卻遲遲不敢答應。在師父徒弟制中，助手趁著師父不在去頂替其位置是大忌，這種事情若是傳出去，甚至沒有餐廳會再錄用你。當時才十八歲的我怎麼也不敢冒這樣的險。但眼前的老闆看起來是那麼地焦急，父母對我說，如果眼睜睜看著他無法營業卻不伸出援手，也不算有職業道德。在父母的勸說下，我踏出了對我而言非常重要的一步：回到餐廳去幫忙。

不再是小魚，因為我見識過海洋

十八歲的我，幫得上忙就不錯了，要接主廚實在有些勉強。我老實地對老闆說：「我的能力可能有限。」老闆卻不知爲何對我滿懷信心。他

說：「只要你有心學，你不會的我通通都可以教你；只要用心，沒有什麼是不可能的。」我不明白眼前的人為何能雙眼放光地對我說出這樣的話，但心裡卻也有些激動：「老闆，我真的可以嗎？」「真的，你可以的。」

就這樣，開始了一段遠遠超出一個十八歲助手識見的學習時光。老闆對我而言，有時如父、有時如師。他的年紀和我父親差不多，身材微胖，平時話很少，整個人都散發一股嚴肅的氣息。在店裡，大家對他都是敬而遠之，保持著一定的距離；他難得開口時，衆人都會挺直腰桿、豎起耳朵來聆聽，但是更多的接觸就沒有了。因為他那副端肅的模樣，私底下大家對他都是避之唯恐不及，但我們倆卻不知為何說不出的投緣。

「待會兒有沒有空啊？」是他一貫的開場白，有時候是坐下來隨意聊聊，一週裡有兩、三天，他則會帶著我去其他餐廳「試菜」。我們像一般客人一樣泰然入座，雙眼和嘴巴可都沒閒著，餐廳的擺設、出菜和服務的狀況、用餐的細節，甚至是每個餐廳招牌菜的特色之所在、成功的原因，他都一一提點。他悉心培養著我觀察和思考的能力，然後再帶我去更多餐廳彼此交流想法、互相激盪。

他領著年僅十八的我，教我用從未想像過的高度細細審視餐飲業中的所有環節。他和我談營養學、美學，我聽得既是佩服、也是驚嘆，在此之前這兩個詞我連聽都沒有聽過；他說台灣的廚師在上班時間會抽菸、喝酒，手也不知道洗乾淨沒有就開始做菜，摸完髒東西又用同一隻手去沾菜試味道，說話時也不在意口水和檳榔汁的飛沫去向何方……這些不良的衛生習慣，再加上穿著隨便，予人素質不高的印象，使得一般人並不怎麼看得起廚師。他告訴我，要像歐洲的廚師那樣，是料理家，更是藝術家，要像那樣當個受人尊重的廚師。

中餐一向講究的是快火猛炒、慢工出細活、熬煮出食物的滋味來，好吃就是一切。在這之前與往後的幾十年中，我很少有機會接觸到講究擺盤及美感的師父，但除了擺盤，甚至廚師的儀容及餐廳的裝潢擺設，都是美感、都是增進顧客食欲及心靈享受的一部分。這樣的想法，卻在這時就悄悄在我心頭生了根。

「廚師要像藝術家一樣，你懂嗎？」「廚師要怎樣才能像藝術家一樣？」老闆所說的話，對那時的我而言總是既深奧，又隱隱顯出某種偉大。「萬紫千紅的繽紛色彩，都是由三原色變化出來的。廚師也是一樣，用眾人都知道的基本材料，做出千變萬化的料理。所以，要把自己當作一個藝術家！」

許多年過去了，我仍時常思索著老闆說的這段話。從前去到厚德福大飯店的時候，以爲自己已經看過了一眼望不著邊的大河，直到遇見了老闆，才知道世上還有極其遼闊的海洋。

仍然記得他對我說過：「當一個廚師，要有職業道德，還要有職業水準。」他這麼一說，我原先以爲自己有些懂了的詞彙，又通通不懂了。我問他：「什麼是職業道德，而什麼又是職業水準？」他自豪地回答：「把衛生等基本細節做好叫職業道德；把料理做到超乎顧客的期待，那叫職業水準。」

在此之前，我從未想過要受人尊重，也沒有想過人除了有效率地把事情做完以外，還可以選擇精益求精，好還要更好。從前我一直認爲，能有一技之長，足以養家餬口，不會淪爲奶奶口中「沒出息」的人，那樣就很不錯了。我似懂非懂地聽著老闆目光炯炯地描繪的廚師形象及餐飲遠景，模模糊糊地感到了，比起此前我所見過的廚師，我似乎更嚮往、也更願意成爲老闆口中所說的那種廚師。

老闆不像其他經營者，多少會藏私，只因商業競爭是無情的，開拓了他人的視野，便是威脅了未來的自己。他心中描畫著一幅更高層次、更繁盛美好的餐飲藍圖，那深深震撼了彼時涉世未深的我。跟著他的兩年，我的技術提升了，也能獨當一面地管理廚房；更重要的是，我的視野和思想大爲開闊，變成了和此前的自己，以及當時的一般廚師完全不同的人。

從大餐廳到路邊攤——我的餐飲事業起點

老闆在我十八歲時，爲了提升我的藝術品味，大手筆地送了我一整套高達五萬元的音響。他幾乎把我當作自己的兒子來照顧，我從未想過會有離開他的一天。然而很快地，兩年後，老闆續標中油福利餐廳的經營權失利，原班人馬就地解散，我也不得不另覓出路。

在那之後，我又待過幾家餐廳，在嘉義工作時結識了妻子，在入伍當兵期間就生下了大女兒。國中畢業後的短短七年內，我便從尚不解事的男孩，變成了承擔著妻女以及家庭責任的男人。

或許是因爲肩上的擔子重了，對妻女的照顧、成家立業的自覺，讓我開始想要多賺一點錢。就在當兵退伍後，昔時友人正好有個賣清粥小菜的路邊攤要頂讓，問我是否願意接手？我去「考察」了一下攤子，不到兩坪的小小攤位，連洗手間也沒有，許多器具都舊了，有些之後勢必得買新的。我看看他，老實地對他說：「我現在沒有自己出來做生意的打算，手頭也沒有這麼多錢。說實話，我連第一天開店的材料費都付不出來。」

然而，友人一再遊說，我也從拒絕變爲動搖，再變爲也許有點心動，奈何現實問題難以解決。聽聞我的困難後，丈母娘想辦法湊齊了十萬，交給我時，她愼重其事地說：「做生意沒有那麼容易，一定要想得很清楚了再去做。」

所以我是想得很清楚了才踏出創業的第一步的嗎？我想不是，還沒想清楚就一不小心栽進去了。人生中的許多時刻，回想起來的清楚和遠見都已是事後之明，我想，有很多事情，也許眞的只能說是機緣巧合。

命運來找上了自己，清粥小菜生澀上路

那個小攤子離嘉義火車站不遠，就在仁愛路上。時至今日，雖然幾經易手，卻還是在同樣的老地方，賣著同樣的清粥小菜。而當年，我就從那裡開始了完全在我意料之外的初次創業。

那年我二十二歲，太太則只有十九歲，兩人都很單純，只想著要把菜做好，然後就會有客人來吃，對於如何做生意根本一概不知。看看附近的其他小吃攤都從中午開始營業，一直賣到宵夜時段，我和太太便也有樣學

樣。買菜、備料、營業時間、關店以後的收拾與清潔，每日工作十八個小時。基於我自己對品質的要求，隔餐的小菜、湯品我絕不再賣，每一餐都堅持重新煮過。然而，這樣的堅持完全沒有化爲收入。滿懷著期待與用心仔細準備好的各色小菜，和我們一起在馬路旁漸漸由熱變冷，或者由冰變涼，幾個小時以後又被我掃到一邊，一切重新再來。

每日從中午張羅好一切開賣起，通常只有大太陽底下發熱的馬路，以及來往車輛捲起的煙塵和我們無言對望。

我長年待在大餐廳做內場，揮動鍋鏟、在用餐尖峰時段一心打點數菜，管理好整個廚房，迅速

創業起始的清粥小菜攤，雖幾經易手，現仍在老地方招呼著來往的客人。（圖片由陽明春天提供）

民國82年，陳健宏（後排左二）在川菜館和同仁們合影。（圖片由陽明春天提供）

分配工作給其他人等是我所擅長的，攬客以及招呼客人卻是我幾乎從來沒有做過的，太太也是一樣毫無經驗。我們生澀無措地站在小攤上，當時不奢望賺錢，只求不虧本、客人滿意，但連這樣微小的願望也很困難，每天只賣出一千多塊，連開店成本的五分之一都不到。

不僅如此，年輕氣盛的小夫妻倆驟然面對由交往步入婚姻的關係轉換，又放棄了原先習慣的工作，來做自己並不熟悉的事情；從白天站到深夜，有客人時是手忙腳亂，沒客人時是心煩意亂，還有孩子隨時哇哇大哭吵著喝奶的壓力。每當又是無人上門的午後，我和太太又急又煩，對方說什麼都覺得很不順耳，那時候幾乎天天吵架。

如此慘澹經營了十幾天，我決定放棄總是無人上門的中午時段，改爲晚餐開始營業，宵夜時間延長。

在那些滿懷艱辛又滿身疲憊地想要站穩腳步的日子裡，我卻深深感受到了台灣人濃厚的人情味。好不容易有客人上門時，我和太太害羞生澀得連招呼客人都不順。客人見我們那麼年輕、又老實，反而會反過來指點我們做生意的訣竅。「看到那種經過的時候多看了這邊兩眼的，就開口叫他，問他要不要來吃點小菜喝碗湯啊。」「人家都坐下來了就不用客氣了，馬上過來介紹你們今天準備了什麼好料、推薦哪一道菜。」「不用怕講錯話，就隨便聊，聊久了變朋友，大家沒事就會常來這邊坐坐。」

當時台灣經濟起飛，人人有錢就希望有更多的地方可以花錢，夜間娛樂也逐漸興盛起來。大吃大喝恣意放肆了一晚，最後續攤，喝碗清粥、吃個路邊小菜，來點清淡的畫下句點最是合適。我們的小攤往往從一般人上床睡覺後的時間開始眞正熱鬧起來。兩、三個月後，我的生意終於漸漸有了起色。

每日忙完宵夜場，曦微時分的早市也差不多開始了。順路去市場買菜後，回到攤子對面、透天厝頂樓加蓋的鐵皮小屋中時，正好差不多天亮，終於可以睡上一覺。外頭漸明的天色就像逐漸加大的火力，烘烤著在鐵皮小火爐裡才剛入睡的我們，讓我們總是睡得滿頭滿身大汗淋漓。

小攤實在的用料以及我對品質的堅持，漸漸吸引了愈來愈多的回頭客。憑著衆人的幫忙和指點，以及我自己不服輸的意志堅持，後來生意最好的時候，一個月可以淨賺十五萬左右。不僅不用再愁沒人上門，還有了許多可以天南地北地聊、可以分享生活的知心常客。生意漸漸好了起來，我和太太時常忙得分身乏術，攤子上的客人看在眼裡，吃完東西竟主動挽起袖子，站到後頭去幫我們洗碗，就怕人多了餐具接不上。那些指引著我們從生澀到俐落的熱心指點、絕不僅為喝一碗粥而來的熱忱、幾乎朋友一般的出手相助，點滴在心頭，總令我感動莫名。

年少得意，是福還是禍？

某天深夜，那個客人又來吃宵夜。他是開餐廳的，時常來和我分享經營心得，有時也會語帶激動，邊吃菜邊或沮喪或氣憤地揮舞著筷子抱怨。因為他並非廚師出身，對餐飲專業所知有限，常遭自己聘僱的廚師刁難。

那天，他情緒低落，說到激動處，突然冒出一句：「要不然你來幫忙我怎麼樣？」我那時其實並無另行創業的打算，但見他說得誠懇，想起他每每抱怨時無奈又不甘的神情，實在很希望自己能幫上這位好友的忙。略一盤算，經營清粥小菜一年多來也小有積蓄，於是我將這小小的攤位頂讓了出去，和這位客人合作，開了我人生中的第一家餐廳。

那是一家川菜館，我負責內場，他負責外場，餐廳生意不錯。但半年後，我發現他逐漸無心於經營，因此拆夥。

前兩次創業都是糊裡糊塗、是義氣相挺，直到第三次，我內心才終於有了自己要做出一番事業來的決心。因爲熟悉的緣故，我仍舊選擇了川菜館。餐廳由一個賣車的門市改建而來，雖是初次下定決心，但經營餐廳所需的一切，從烹調到攬客、管理到進貨等，我都已駕輕就熟，生意很快就上了軌道。

創業憑的其實就是一股熱血和傻勁，再加上努力和運氣，我非常幸運的第一次下定決心開店就有了好成績。隔年，我又開了一家台菜館。兩家餐廳都小有口碑，生意蒸蒸日上。

從十五歲第一次踏進廚房，瘦瘦小小的我被師父和其他同仁叫作「細漢仔」呼來喝去，不到十年之後，我便已成爲擁有兩家生意不錯的餐廳老闆。那時我以爲我的餐飲版圖將會穩穩地繼續擴張、成長，卻沒想到幾年後，二十八歲時，一次無心之舉將我自己推落深淵……

民國94年，陳健宏和母親、阿姨於台中中信飯店宴會廳—秋粵園。（圖片由陽明春天提供）

歸零：創業路上的大起大落

那時餐廳生意穩定，生活中看似不再有大事需要操心。我偶爾會和友人出去喝酒應酬，卻沒想到其中有人早已盯上我口袋裡的錢，耐心布局，正等著我自己栽進去。

那日我一如往常和朋友出去喝酒，席間被灌得特別多、喝得特別醉，我並沒有在意。畢竟對於身邊的朋友，我向來是義氣第一、全心信賴。有人提議要續攤去小賭一番，我也跟著去了，卻在爛醉之間，將五年間兩家餐廳辛苦打拚存下的積蓄幾乎全數輸光。

清醒以後後悔已然無濟於事。我深深體會到，喝酒、抽菸、賭博等，本都算不上什麼天大的壞事，但接觸它們後容易接觸到的環境、交到的朋友，以及酒醉時、賭到興頭上時，當人的自制力變低、意志變得薄弱了，有時就在那一瞬間的無意中做出的事，卻要用清醒以後的每日每夜來償還。於是我痛定思痛，酒色財氣全戒，絕不再讓自己的人生在無意間超出掌控。

然而爲了還債，我不得不將生意正好的川菜館和台菜館皆頂讓給別人。帶著還債後剩下的三十萬現金，加上用信用卡向銀行預借的三十萬，我離開數年間打拚立足的根據地嘉義，希望也能夠遠離曾經不良的環境的所有浸染，遠赴台北重新開始。從退伍後與太太兩個人，帶著年幼的女兒從零開始打拚，到曾經擁有自己的餐廳，員工不在少數，生意穩定。一步行差踏錯，那些曾有的榮景便如黃粱一夢，皆成夢幻泡影。

到了台北，我們落腳在新莊。一棟很小的房子，一樓賣清粥小菜，門口還另外擺攤兼賣滷味和熱炒小吃，能多賺一點是一點；二樓當廚房，三樓是住家。我的生意從清粥小菜開始，繞了一圈，也曾有過一些風光，然後又回到了熟悉的清粥小菜。

回歸本心，從清粥小菜再出發

爲了要趕快存到錢，回到原先的生活，我比初次創業時更拚命，每天都不斷地想著怎樣才能靠著賣清粥小菜重新站起來？利用有限的店面多賣一些東西是一個方法，還有就是少睡一點，多做事。中午開始備清粥小菜及滷味和熱炒的料，晚餐時段開始營業，仍舊賣到宵夜場結束。清理收拾後，去早市採買回家，一天只能小睡幾個小時，然後就起床繼續工作，開始新的一天。

爲了增加營收，能做的我都盡量去做，從未想過疲倦的身軀也會撐不住。如此硬做了半年，生意上漸漸站穩了腳步，我卻覺得身體彷彿不是自己的了。疲倦像顆千斤大石壓得我難以喘氣，一覺醒來沒有神清氣爽的感覺，只有拂也拂不去的滿身疲憊。

由於身體已不堪負荷，我收掉了滷味和熱炒，專心經營清粥小菜。三年後，終於又有了一些積蓄，生活不再那麼拮据。

此後的數年間，我開過私房創意料理、日式料理、廣東菜餐廳，也投資過飯店宴會餐廳，極盛時期同時身兼四家餐廳的老闆。

我原本有過餐飲集團的夢想，希望能開很多很多店，憑自己的實力，讓更多人知道我的名字。此刻，我的餐飲版圖比曾經有過的更大，我的情性也比當年更穩定、更謹慎了，一步一步穩穩地走下去的話，彷彿什麼都有可能實現。

然而人生竟是如此不可預測，三十八歲那年，因爲一個人的一席話，我毅然決然將名下的餐廳全部結束，去做一件我根本不熟悉、也沒把握，卻清楚知道將是我後半生意義之所在的事情。

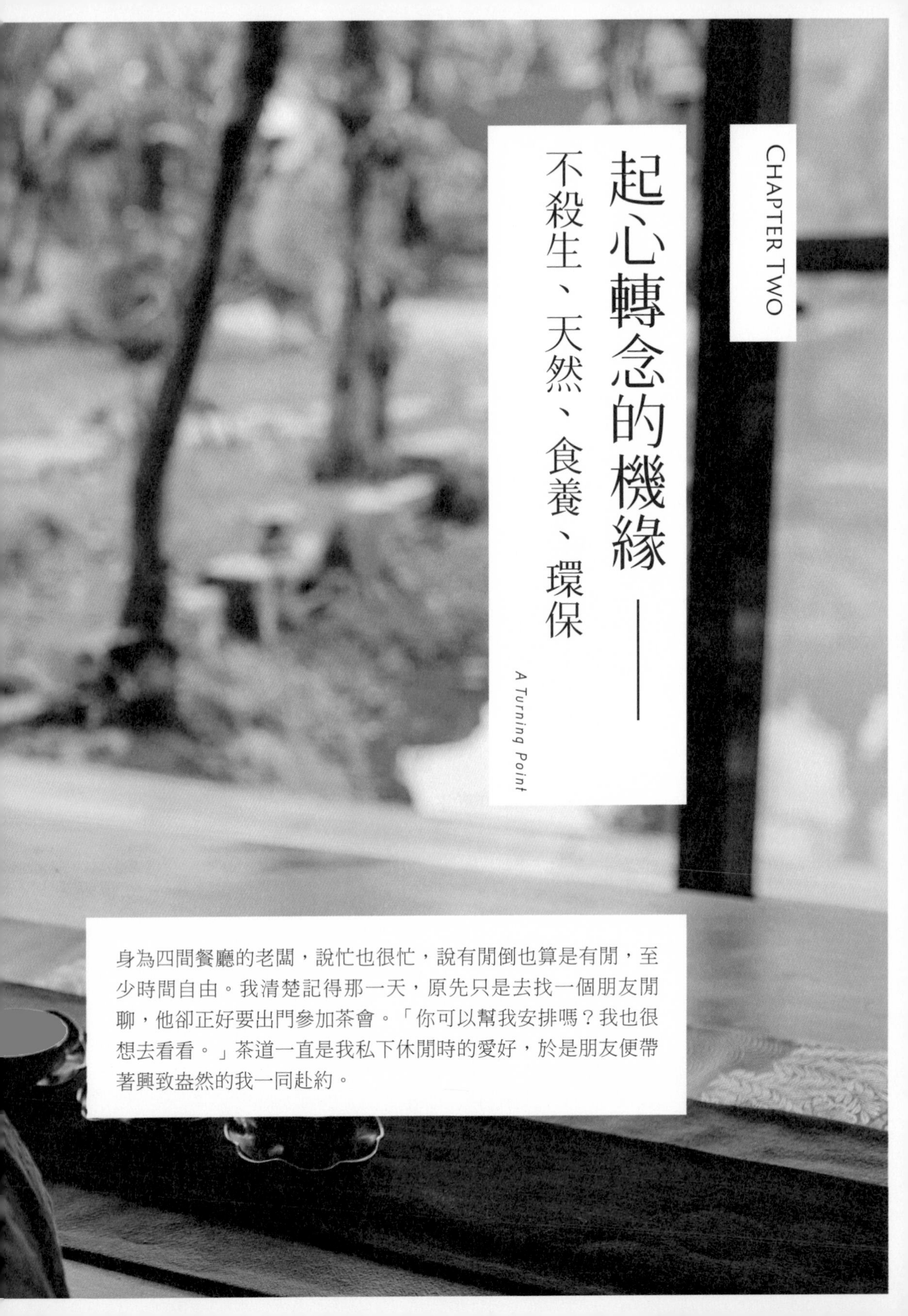

CHAPTER TWO

起心轉念的機緣——不殺生、天然、食養、環保

A Turning Point

身為四間餐廳的老闆，說忙也很忙，說有閒倒也算是有閒，至少時間自由。我清楚記得那一天，原先只是去找一個朋友閒聊，他卻正好要出門參加茶會。「你可以幫我安排嗎？我也很想去看看。」茶道一直是我私下休閒時的愛好，於是朋友便帶著興致盎然的我一同赴約。

突如其來的意義追尋

看似平凡的茶席間，茶香氤氳繚繞，眾人輕鬆地把盞閒談，朋友也趁機把我介紹給席間素未謀面的人認識。我不無驕傲地說出自己正經營的事業與來歷，年紀還不算很大便有了眼下的成就，當時的我的確是有些意氣風發的。以爲會一如往常聽到幾句半欣羨半客套的稱讚，沒想到卻出乎意料地聽到那人說：「你開餐廳，可以賺很多錢；但是事業做很大，你的殺業也很大。」當下我簡直有些莫名其妙，心想：「我又沒做什麼壞事，怎麼會有很大的殺業？」然而定下心來仔細聆聽他講述因果與造業之事，我卻愈聽愈感心驚。

回到家後，他的那一席話始終在我心間繚繞不去。無論在做什麼，最後總是不禁又想起這件事：我們人類擁有生命，會哭會笑、能夠感知天地

間的萬事萬物。雞鴨豬牛羊⋯⋯等，也都曾是和我們一樣活生生的，各具情性，有不同的感受與反應的生物。牠們被殺、被吃了以後，牠們的生命去了哪裡？而我爲了一己之私殺害牠們，我虧欠牠們的，又將要用什麼形式來償還？

我自認做生意一路行來都是問心無愧，卻在不知不覺間造業而不自知，這令我深感震撼，也十分在意。幾十年來的打拚過程斷斷續續掠過心間，縱然過去的日子有起有落，但我原先一直認爲，此刻的我無論怎麼說，都已經是個很有出息的人了。我有自己的事業，受許多人尊敬，也有許多人爲我此刻所擁有的一切感到驕傲；我度過了掙扎求生存、時常茫然不知該去向何方的階段，確實地擁有了自己的生活，用自己的努力換來了此刻所有的享受。

爬得更高、擁有更多⋯⋯說也奇怪，此前認爲理所當然的追求目標，現在想來卻沒有一點站得住腳。那一刻我清楚地意識到：我內心有個聲音在質疑自己所做過的種種種種。至今爲止的生活，到底都是些什麼？開更多的餐廳、賺更多的錢、不斷擴展自己名下的事業、擁有更高的地位……我追求著大家都在追求的事物，也得到了其中的一些，但是，如果這就是我想要的，爲什麼我現在會感覺這麼迷惑？我的事業愈來愈成功，但我卻似乎許久許久不曾眞正感到自在、感到快樂，反而有種說不出的茫然和疲憊。在這幾十年的忙碌之間，我錯失的究竟是什麼？這樣的生活的終點又是什麼？

那位貴人的一席話就像是一粒石子，在我心湖上一圈又一圈泛開漣漪……那番話也像是驚天的一道雷響，讓我清楚地照見了自己生命中荒蕪與不足的空白地帶：我有了一些錢，在社會上也有了點地位，可是我終究沒有尋到生命的意義。我以爲不用再掙扎求生存，就能好好體驗生活、就能學會享受生命。可是日復一日工作賺錢，重複且機械化的行程把思慮和感知都磨鈍了，不知不覺中生活早已僵化卻不自知。我更理解到：我至今爲止的所做所爲背後，並沒有一個禁得起質疑和追問的信念在。

人生中有些事是這樣的，在你不知道之前，那些事就像是不存在，但你一旦知道了，就絕不可能再視而不見。

不再只是求生存，而是去尋求生活的突破

那天茶會之後，我仍舊照常工作。看著廚師從冰庫拿出凍得僵硬、眼神空洞的魚；看著他們一刀一刀將才剛從市場買來，軀體仍有餘溫的雞剁成大塊，我內心的感受卻截然不同了。

我第一次想要別過頭去，不願再看。我很不安，也很迷惑。面對幾

十年來早就習以爲常的種種事情，我頭一次有了：「這樣做眞的是對的嗎？」的疑惑。

幾天以後，我又去見了一次貴人，誠心地向他請教：「我的下一步究竟該怎麼做？」他並沒有明確地要我做什麼或不做什麼，他只是淡淡地對我說：「這就要看你的智慧跟魄力了。」

我內心自此起了滔天巨浪，每日輾轉反側地思索著自己該做什麼，與自己應當追尋什麼。面對那些生命，我希望有更好的選擇或解決方式；但現實是，幾十年來，以最妥善的方式烹調各種生物，滿足顧客的味蕾，這就是我的生存方式。我好不容易才有眼前的成果，才打下了這一片江山。雖然覺得再做不得，卻也捨不下。

我問遍了周遭親朋好友的意見和看法，想釐清思路，想知道自己究竟怎麼做才對，當然也詢問了母親和太太的意見。衆人認眞聽完我的困惑後，通常劈頭就是一句：「你是不是被騙，還是被洗腦了啊？」「好好的一個人，怎麼突然想這些東西？怎麼會突然間說要吃素？」

當時我想要在生活上有所突破，希望能尋到一種眞正令自己感到安心自在的生活方式；然而我也明白，求生存是最基本的，素食餐廳在當時只能開在小巷子裡，除了宗教信仰所需的人以外，幾乎沒有人會走進去。我也能理解身邊的人爲何會有那樣的反應。

吃素難道就只是吃素料？

迷惑、搖擺的過程中又與貴人互動過幾次，然後，我開始試著自己先體驗吃素看看。

在餐飮業中，從執行者的身分變成指導者後，我很少再自己執鍋拿鐽，卻依然在追求極致。當老闆後，每天我都會要求底下的廚師要試著研發新菜色來讓我品嚐。當時的我因爲長年豐富的餐飲經驗，以及環境和眼界的不斷開拓，對於烹調這件事極其嚴格和挑剔。凡是調味不夠精準、處理手法不夠俐落完美、或是沒有把食材的優點發揮到極致等，都會被我毫不留情地批評，有時候甚至還會忍不住因此發脾氣。我的世界比起初入行時已經開闊許多，我卻愈來愈少被美食所感動。

開始吃素以後，才注意到台灣當時的素食餐廳大多開在小巷子裡。因爲幾乎無人聞問，連燈光看起來都顯得黯淡。一走進去，撲鼻而來的就是濃濃的豆製素料氣味；菜單上從第一道到最後一道，雖然名稱都不一樣，但端上桌的話，幾乎都只是用素料做成外觀大同小異的東西罷了。那樣的料理實在很難吸引人天天去吃。

有段時間我常去麵攤點一碗陽春麵，葷的配料一概不放；有時請餐廳做一個素炒飯給我，端上來的大概都是素火腿與三色豆加飯翻炒而已；也有些時候，我就只吃水果果腹。

說也奇怪，對料理原是那麼挑剔，再高級的食材、再繁複的大菜時常都難入眼的我，開始吃素後，竟然感到前所未有的平靜與滿足。我明白，進食除了是為維持、成就自己的生命外，我還有其他選擇。能夠同等地去珍視愛護天地間的其他與人類本該平等的生命，讓我無比地安心。從今以後我可以抬頭挺胸，不再感到迷惑與不安。

我也突然領悟到，料理要讓人滿足，不該只在各種視覺或味覺的感官刺激上求變化，有內涵和信念的東西，才能夠眞正滿足人的內心。

開始吃素後的第五天，自己未來的方向逐漸了然於心。餐飲業是我從少年至今投身奉獻的事業，未來也仍舊會是如此；但如果能夠藉由推廣素食，不僅繼續發揮我的手藝與所學，也把我當下這一刻感受到的清淨，以

及因爲能夠敬重其他生命，而感覺自己的存在更有意義的這份充實感，一併傳達給其他人，我的生命才會眞正尋到意義。

於是，不顧親朋好友的驚訝與反對，我花了點時間把名下的餐廳一一頂讓或關閉，堅定地踏上我認爲對的、有意義的方向，重新出發。也許我後來做的決定，在許多人眼中看來都是極爲突然且無法理解的，但我覺得，有些事情眞的就是時候到了，一句話就聽進去了，然後一切就會有所改變。前提是，那是眞正有意義的事情。

不殺生、非加工、養生又健康，這就是我要的！

出讓餐廳時，我把一些跟隨了我好些年的廚師找來，問他們：「我現在開始吃素了，也想轉爲經營素食餐廳，你們願不願意繼續支持我？」他們也都沒有吃素的經驗，這之中有些人留了下來，也有些人就此別過。連同我在內的小小團隊，一面招收新伙伴，一方面面臨的是全新的、而且是眾人都不熟悉的素食菜單開發的挑戰。

雖然看似從零開始，但是我幾乎一生都在餐飲業中努力，並不覺得自己做不來，只是前路艱辛已經可以預知。

一口氣失去了所有餐廳，資金週轉的壓力瞬間壓了下來；面對家人的不諒解，我知道在做出一番成績來之前也很難改變他人的想法；才吃素五天的我做了決定後，一面研究現有素食餐廳的菜色、研發屬於自己的菜單，一面也要尋找合適的展店地點。

走進當時坊間的素食餐廳，菜單上有牛排，也有紅燒鰻、炒鱔魚等，乍看之下簡直和一般餐廳沒有兩樣，但端上桌來的東西其實就是塑過形的素料，再淋上不同口味的醬汁而已。豆製的素料本身並不難吃，但卻也絕對稱不上「美食」；素料可以模擬各種肉類食材的口感，但無論外觀變成了多少種不同的東西，營養仍過於單一，吃多了也很容易膩。我去了幾間素食餐廳，盡皆大同小異，幾乎都沒什麼參考價值。而這樣的素食餐廳的客群，也幾乎完全集中在因爲宗教需求而吃素的人。

我心想：如果我開素食餐廳，只是像其他人一樣在素料上下工夫，那對我而言實在不像在做菜，反而比較像是個化工廠，只是在廚房裡把一樣的材料變成不同的模樣而已。我不想做那樣的事情，我想要繼續發揮多年所學，突顯並提昇各種食材的滋味，讓顧客眞正品嘗到蔬食的美味。那樣更天然、更健康，而且可以有無窮無盡的搭配與變化。於是我大膽地決心改革素食，我要使用原食材來變化創意，我也希望素食的客群不再僅侷限於宗教人士，而可以是任何想享受美食的人更清爽、對身體更無負擔的選項之一。

於是，「不殺生、非加工、養生又健康」成了我最初的素食理念。

山中生淨心

至於地點，奔走尋找了一段時日後，我想起朋友在陽明山上有一塊閒置的地，於是便驅車上山探勘。

兩年前，這位朋友也曾帶我來山上。當時我們一面漫無目的地走著，他一面打趣地問我：「有沒有興趣在這裡開餐廳哪？」我以商人的眼光掃視四周，馬上就明白要把這樣一塊荒煙蔓草，充滿「野性」的地打理到適合接待客人有多麼困難，工程浩大，無疑是個錢坑。我半開玩笑地回他：「你說這種話，是不是想害我啊？」當時這個話題就此不了了之。

兩年後再踏上這塊土地，或許是我的心境和看事情的角度完全不同

了，感受也全然不同了。閒置的兩年間，這裡的草逐漸長得比人還高了，但聽著山風拂過芒草在耳畔發出窸窸窣窣的聲音，我心裡卻有著說不出的清淨安謐。就像不同的食材有不同的氣味一樣，草木也是有味道的，就連略爲潮潤的空氣也有它獨特的氣味。這些事情在山下時，我從來沒有注意到。

那一刻，我突然想：這裡眞是一個「ㄕㄐㄧㄥˋ」的好所在！人在城市中，常常會錯覺自己可以掌握一切，唯有回到大自然中，人才會重拾敬天愛地之心，對周遭萬物生出一片恭敬與珍愛；這裡又如此清淨，我可以想像，此後這裡便會是我行身修心的道場；而這份靜謐更帶來一種極實在的安定，那是許多年來我未曾擁有過的感受。有敬，有淨，也有靜，我想不出有哪裡比此處更適合了。

人世間、生活中，有那麼多身不由己的忙碌；忙碌之中又有無數的錯失，或許是不經心錯過了什麼，或許是因俗務繁雜做錯了決定。如果能夠藉由外在環境的幫助，讓人尋回內心的單純自在，重新擁有感受的能力，那或許也是很好的。

然後我又再度拜訪那位生命中的貴人，帶他到山上來看這一塊地。他果然也輕笑頷首，告訴我：「這裡確實不錯。」

有了地點，有了方向，接著就要捲起袖子面對實行的細節了。

從一片荒地開始的陽明春天

這片一千七百坪的地，漫山遍野長著比人還高的芒草，以及毫無章法地亂長狂長的樹。我撥開高過人頭的亂草，繞過不時擋路的樹身，邊注意不要讓石子或樹根絆了腳，沿著朋友原先整理出的小路，小心翼翼地前進。

朋友原先住在這裡時的住家，在這塊地的最深處，只有那附近狀況稍好一點，有過簡單的整理，但是那邊離交通道路卻又太遠了，不適合當作餐廳。越過幾個大小水塘，往外走去，有間零散放養著些雞隻的鐵皮屋，大小還可以，或許能夠作爲餐廳，但是那間鐵皮屋連窗戶也沒有，周邊的土地又因過於潮濕而泥濘不堪。再看看這旁邊，有間較小的屋子，原先的用途不明，但顯然閒置更久，濃濃的霉味難以驅散，牆壁更是霉斑點點，幾乎看不出牆面原本的顏色。

我望著眼前的景象，告訴自己，這是一個沒有退路的決定，無他——就是去做而已。不怕輸才能贏，反正最壞也就是輸掉現有的這些而已。

工程浩大的整地就這樣開始了，完全不懂園藝、造景之類事情的我一手包辦園區規劃，水電、管線、裝潢、設計都自己來。一面和請來的工人還有工作伙伴們一起除草、翻整原有建物，好不容易這塊地經過整理，看

起來終於有一般人認知中的「地」的樣子了，再鋪上新的草皮及石子路。我一面反覆地想著：顧客會想在這樣的地方吃到怎樣的料理？這樣的餐廳該有怎樣的菜單？怎麼做才能兼顧美味和健康，且將我的理念透過菜色完整傳達出來？

就因為不在行，才有讓行家驚豔的創意

我對廚師們說：「我們就按照一般料理的手法來做，只是沒有肉而已，不要被那塊肉給限制住了。」

說起來寫意簡單，但素食既不屬於中國的八大菜系，也不被歸類在任何一般人所熟知的異國料理當中；沒有既定的食譜與經典菜色，也沒有廚師受過完整的相關訓練。如何恰如其分地呈現時令口味，改變人們心中既有的「素食等於難吃」的看法；又要把擺盤提昇到藝術的層次，傳達出素食這種清淨的禪食所內蘊的禪境；以及另一方面，從現實層面來考量，使用的食材、展現出的烹飪水準和擺盤，要如何符合菜色的價位，就像去參加怎樣的宴會，要有怎樣的穿著、搭配怎樣的配件才能大方得體一樣，在在都是難題。

壺中日月長

一些小有經驗的廚師，正因為已經有了一點基礎，反而更清楚自己的不足。他們面對研發素食新菜單的難關，而市場上又沒有出色的先例可以參考，往往會開始自我質疑，有時候甚至顯得比完全沒經驗的生手更沒信心。也有一些頗具資歷的廚師會質疑我：「做素食的主流性跟未來性在哪裡？我看不出素食哪裡會比我以前做的那些菜好。」

這種時候，我總是盡可能誠懇地與他們談心，希望他們能明白我的堅持：「你看，我以前也是開過那麼多間餐廳、生意做得那麼大，在餐飲界也小有名氣。現在做素食，我跟你們一樣是重頭開始，我也不擔心外界怎麼看我，是不看好我，或者說我是之前的事業失敗了才逃到山上來的等等。我們內心夠堅定，想在業界闖出名號，就要做跟別人完完全全不一樣的料理，這需要新的思維。我們一起來努力好不好？」

現在回想起來，比研發完全原創的菜色更難的，恐怕是如何把好的廚師帶到山上來，讓他們願意像修行一般地在這裡生活；讓原先只求有一份工作能夠餬口、只有基本功的人，慢慢地也能理解並認同我的理念，能夠

由自己的內在產生靈感，研發出有底蘊的菜單來。

廚師有沒有經驗、資歷完不完整，我倒不是那麼在乎。對我來說，經驗和基本功是較容易培養的，好的廚師更多關乎人格特質。除此之外，創作有時候是一種人格，要對料理很要求、很敏銳，且通常是比較有個性、有想法的人，不會一直在固定的框框裡做同樣的事。一個創作型的廚師就好像魔術師，要不斷地構思新的把戲給觀眾看；連一般的料理都沒辦法做到極致的，就很難跟他談創作。

那段日子，我們大家一起住在陽明山上，每天一早就去山間撿拾落花，作爲當天擺盤的美感練習之用。有些廚師爲人比較粗率，反映在思考和擺盤上也是如此，往往撿來一整坨糾結成團的草，或是一長串含苞或半綻的花枝，清潔過後便不加裁飾地直接放到盤子上。那「氣勢驚人」的擺盤，往往令我哭笑不得。我告訴他們：「插花反映的其實是心境。試著把雜念放下，讓自己的內心變得簡單一些，插出來的花自然會有美感。」

要讓本來粗疏的人變得粗中有細，並不容易；要讓只有基本功，連一般常見的料理都無法做到極致的人，有能力可以創作、可以從生活中尋求靈感來做菜，能夠信手拈來，那是更難的事情。

練習的空檔，我們也花很多時間在喝茶談天上頭。原先長滿霉斑的小

屋，只能作爲倉庫之用；在小屋的裡間，我勉強擺了張桌子充當茶席。在濕冷的山上，泡上一壺好茶，素雅的杯子握在手中，我希望溫熱了的不只是身體，更是他們離家遠來的心。希望能讓離家居住在此的員工多少生出一點歸屬感，也藉此了解大家研發或構想時的瓶頸何在。

大多數時候，研發對他們而言還是太難，我便試著把「申論題」變成「簡答題」或「填空題」，先把架構設定好：一道菜色香味的要求各是如何、視覺呈現與擺盤效果要怎樣、要傳達出來的藝術意念是什麼……一步步引導他們去思考如何做才能達成這些目標，再針對他們的成果加以修正、和他們仔細討論每個環節，刺激他們的想法。

當時我常開玩笑似地和他們說的一句話是：「來到這個園區，除了不能生小孩以外，其他什麼都要自己來，什麼都可以去試試看。」

彼此腦力激盪到深夜，待在山上遠離了大多數的娛樂場所，也沒什麼地方可去。員工又難找，我總是很怕他們待不住，便開車載大家去吃吃少數茹素者能吃的宵夜——臭豆腐。有時則去泡溫泉。每一個深夜，在山中看他們熱熱鬧鬧地散了，各自準備回員工宿舍睡覺，明天還要繼續努力，我都由衷希望自己眞的多少照顧到了他們的心。

當時的團隊中，我才剛開始吃素沒多久，其他人則是根本未曾茹素。在開發菜單時，我們的確曾經因此手足無措、難以確定方向。然而回頭去想，或許也正是因此，我們沒有任何吃素者對素食既有的想像框架或侷限，反而能夠完全放開來，自由運用各種經驗以及烹調手法，以發揮食材美味為唯一烹飪目的，創造出和當時市面上常見的素食料理完全不一樣的東西來。

開幕的第一週……只有兩位客人上門

日復一日忙著餐廳裝潢、細節微調，其他時間則和大家一起研發菜單，再三確認烹調擺盤上菜等細節。整地改建的三、四個月過得飛快，很快就到了陽明春天的開幕日。

「陽明春天」這個名字，是我和同樣不擅此道的太太，在經歷白日忙碌後的深夜，挑燈苦思好些時日才想出來的。「陽明」是光明正大而有力量，「春天」則是四季之首，充滿了希望。

二○○七年世界環境日，也就是六月五號那天，我下定決心，視爲後半生人生意義之所在的陽明春天餐廳開幕了。

開幕當天，我有許多朋友來捧場。衆人熱熱鬧鬧地坐滿了好幾桌，吃喝、談天說笑，大家都非常開心，一切似乎都會往好的方向發展。

人潮散去的午後，陽明山上下起了滂沱大雨。在山上，無論什麼季節，一下起雨，立刻就有絲絲寒意。雨敲打樹、敲打草、敲打葉子、敲打泥地、敲打山林，那種龐雜的聲響，是吵——吵噪中卻更突顯出一股別無其他，讓人難以忍受的靜。

我時不時就撐著傘走到園區大門外，探頭看看山路上有沒有貌似要來這裡用餐的顧客，提醒自己務必要以最誠懇的笑容接待遠道而來的客人。然而一個小時、兩個小時過去，直到最後一點晦暗的天光也被星夜所吞噬，園區點起了燈，燈光在雨夜中朦

朦晃晃。

一直到當天打烊爲止，沒有半個客人上門。

那場雨斷斷續續地下了一整個禮拜，我們每天都聽著淅瀝的雨聲鎮日敲打廊簷，潮濕的空氣讓餐廳的所有人都覺得自己也要「生菇」了。陰陰低低的天空就像餐廳的來客數一樣低迷，開幕整整一週，只有兩位客人。

我還記得好不容易終於有第一位客人走進來的瞬間，我內心無比激動，感動得幾乎要掉下淚來。後來雖然也有零星的客人上門，但大多在探問「你們是賣什麼的？」，聽到「這裡賣素食」以後掉頭就走。

山上的環境清幽，洗滌心靈的作用更非城市可比，但是山上沒有人潮，連想招攬偶然經過的客人，都是半天也見不到一個。我下定決心要改革素食，然而全面採用原食材，食材本身的好壞就大大左右了料理成果的滋味，是以創業之初品牌就設定在中高價位，因爲以我多年的餐飲經驗，我深知品質和健康都是省不了的開銷。然而基本客群已經不多的素食，開在人非常少的山上，價格又偏貴，一項項都使得開店初期的狀況雪上加霜。

這是不怕死、懷著夢想的人開的餐廳，請來用餐

第二週開始，狀況好了一些，但也就僅是比上週的「兩位」好上一些。之後偶然有客人踏入，不等對方開口，我便會喊出「一位用餐，一位免費體驗」，希望這樣能多少留住一些客人，然而還是遠遠不夠撐起生意。我內心雖然有些緊張，但在員工面前，我絕不會露出不知所措的慌張模樣來。我知道，這是我願意，而且是我想要去做的事，等把所有用盡全力能試的聰明方法、傻方法都試過了，再來想「到底該怎麼辦」也還不遲。

當時剛開始進入網路時代，但因爲團隊中的衆人對操作網路資訊並不熟悉，在架好官網後，就沒有在這方面再多下工夫。

初期，我把目標放在「已經上了陽明山」的人身上，主動出擊。我開著車去冷水坑、去陽明山上其他生意好的餐廳停車場夾DM。每每環顧四下

無人，我便壓低聲音對同行的員工邊說邊使眼色：「小巫，動作快一點，那是人家的餐廳門口！」一面手也沒停下來，趕快在眼前車子的雨刷上都夾上一張傳單，希望會有人因此過來光顧。

我開車發傳單的地點最遠遠及故宮，在充滿人文氣息的國內外遊客之間穿梭，然後遞出我用心製作的傳單，誠懇地邀請大家過來用餐；陽明山上所有溫泉景點也都是我的目標，我會等在出口，殷勤地詢問剛泡完溫泉、身心都正暖呼呼的人們：「要不要用餐？附近就有好吃的素食。」遇到接過了傳單，看似不太排斥，卻說著「我不知道這個地址在哪裡」的人，我便會對他們說：「沒關係沒關係，我開車在前面帶，你們在後面跟著來。」

餐廳那邊則有一位劉大哥負責攬客。現在總是站在停車場前，詢問來客有什麼需要的他，最早是沿著小徑走出園區，站在大門外攬客的。每日一大早，他就推著一大桶剛煮好的，熱呼呼的明日葉茶，扣扣扣扣地一路將放有茶桶的小推車推過石子小路，把熱茶推到園區大門外去奉茶，接著就站在外頭開始攬客。冬天山上極冷，風大，又凍，他就用長圍巾裹住頭，厚厚地纏上幾圈，連耳朵也一起包住，再穿件大外套，全副武裝站在門外，殷勤招呼所有經過的人車。他在寒風中瑟縮著，多數時候只能百無聊賴地傻站著，不時呼氣呵暖手掌的背影令我不捨，卻也無可奈何。

有些客人看見山上有這樣的餐廳，用餐之餘往往會問上一句：「你們這是什麼財團投資的？」我只能苦笑著答：「這是不怕死的人懷抱著夢想開的餐廳。」

期間也曾有一些團購網，看中陽明春天作爲少數高級素食店家的特殊性，遞上企劃案和簽呈想來找我們合作。我坐在辦公桌前翻閱那些企劃書，看了一遍又一遍，心裡明明知道只要簽下去了，雖然少賺一點，但是

業績和來客量馬上就會有所成長，好一陣子都可以不用再這麼辛苦地發傳單，但想了半天，最後往往還是簽不下去。

我想，如果因爲生意不好就改變策略、降低成本，用少賺來吸引顧客，最後恐怕就會連自己的初衷都遺忘了。另一方面也是，在我過往的經驗中，若顧客只是看中餐廳便宜，而非認同餐點，或有心想要尋求不同的體驗而來，整體用餐的氛圍往往也就沒那麼好。這樣的客人容易對店家準備的餐點、同時也對其他客人都隨隨便便。陽明春天選擇在山上賣素食，便是想帶給顧客最完整的感官體驗，如果爲了衝業績、拯救帳面數字而破壞了這氛圍，那絕非我樂見的。

就算賣掉名車坐公車，也要撐過去！

幾乎只靠發傳單來打廣告的我們，最重要的宣傳方式就是支持我們的顧客之間的口耳相傳。也因此，得來不易的客人們所有的反應，都是最珍貴的改進意見，絕對不能錯過。除了我自己和其他管理階層會在顧客用餐時和客人互動外，我也很鼓勵廚師們，尤其是主廚，要走出廚房，到外場和用餐的人聊聊，聽聽顧客們眞實的想法。

在廚房裡的時候，自己絞盡腦汁地研發、汗大滴小滴的流，自己最清楚看見自己的所有用心，常常會理所當然地認爲顧客也都能接收得到這些努力、顧客應該也都會滿意這些料理。往往是在顧客面前，才能眞正發現自己的盲點。

例如開幕不久後，我發現，客人們用餐後，神情看起來雖非不滿意，

但似乎也不是很滿意。我想，一定是自己有哪裡不夠周到、做得還不夠好。期間除了觀察、改進，和團隊互相討論、繼續研發外，也有許多好心的客人會給我意見。比如：「你們的主菜是鹽酥杏鮑菇塊，雖然味道也不錯，但是跟別家素食餐廳有用素料做成的豬排、牛排比起來，來你們這裡就是沒有吃到主菜的感覺。」其他像是湯頭的口味、在別的地方吃過什麼菜色很喜歡等，都是非常寶貴的意見。

客人們對主菜的反應，讓我初期在這上頭花了特別多的心力。我希望能夠藉由烹飪手法，把平日容易為人們所忽略的蔬食之美味展現出來，同時也能讓顧客有滿足感。兩個月以後，研發出了第二代的主菜和其他菜色。

第二代主菜是炙燒白靈菇，加入甘蔗、昆布、黑白木耳，一起燒煮至少四小時，煮到黑白木耳完全融化為止。甘蔗的甜味使白靈菇吃起來更加甜美，昆布則為這道料理增添了大海的鮮味。

看到客人們吃到新推出的主菜時，驚喜地說：「哇，沒想到菇類也能有這樣的味道！」而後露出滿足的笑容，我內心無比的欣慰。

另外，原本身強體健的我，上山之後，冬天竟然也受不住凍，手腳開始冰冷起來。即使是炎炎夏日，山上的風往往還是非常強勁，一下起雨便微有秋意，許多客人紛紛披起外套。注意到這點後，我和團隊一起研發了加入中藥的何首烏湯，也把套餐的第一道改爲熱湯，讓顧客喝了全身都能暖和起來，再繼續享用美食。餐點中的冷食則盡量放在同一道料理中，一次吃完；就連甜點也盡量做出熱食，比如現在的手工熱豆花。

一面研究改良、一面尋找資源的過程中，我也發現陽明山上農民種的明日葉，乾燥以後做成茶包，幾乎都外銷賣給日本人，台灣人自己卻很少喝。於是我試著將新鮮的明日葉拿來煮茶，特殊的甘香在口中縈繞不去，竟也別有風味。明日葉茶從那時起就成爲陽明春天的招牌茶飲，一直到現在。創始初期大門外仍有奉茶時，用的也是這明日葉茶。

有些客人會跟我們說：「你們的套餐整體份量有點太多了，吃到最後會吃不下，不如把份量減少一點，做得更精緻一點。」我努力再往精緻的方向修正，份量卻仍是沒有減少。只因我總是想著：如果特地來這邊吃素的人、特地選在這邊請客的人，特地上山來吃飯卻沒有吃飽，那我一定會良心不安。

當然，也遇過客人心滿意足地說：「我吃了二十年的素食，沒有吃過這麼好吃的。」這簡簡單單的稱讚，已足夠令我感激涕零。

能用的傻方法都盡力去做；顧客的意見一字一句都仔細聆聽思索；高價位的消費中，顧客會期待吃到驚喜、吃到超出自己原先期待的料理，我也盡可能要求自己要一一滿足。我幾乎盡了全部的力量要做到最好，然而，初期的營收狀況不佳也是事實。

朋友們對我說：「山上不是都在開土雞城嗎？哪有人把素食開到山上的？你一定撐不到三個月啦。」眼看著帳面數字一直沒有起色，我雖然仍堅信只要是對的、夠好的，就一定可以成功，但壓力的確也愈來愈大。我甚至把自己代步的車賣掉，賣得的一百多萬，包含後續將房子拿去抵押的款項，則做爲資金繼續投入經營。

沒有了車，久違的搭公車上下山的日子裡，以往因開車而忽略的景致又一一回到眼前。從餐廳一間一間的開，到全收起來轉做素食，我想不起自己已經多久不曾搭過大衆運輸工具了。公車開上了山路，老舊的車便晃得厲害，一個轉彎，又一個轉彎，車上的人也跟著忽左忽右。若逢假日或是人多，車上的擁擠自不待言。那令我莫名的感慨。

憑藉著要推廣素食、要過眞正有意義人生的使命感，我繼續撐了下去。艱難的時刻裡，我告訴自己，要藉境煉心。遇到困難，就告訴自己：那是一個過程，那只是過程而已，絕對不會是最後的結果。來客零落的時段，我依然到陽明山各處去發傳單。直到有個《蘋果日報》的記者偶然來用餐，覺得很有意思，於是寫了篇報導後，總算帶來了多一點的人潮。而那已經是開幕約一年後的事了。

專注拭亮自己的初心

人潮變多了，並不代表開始轉虧爲盈，但生意總算是比較穩定了。憑著一股推廣素食的熱忱，希望讓更多人享用到和刻板印象中的素食完全不同的料理，進而改變他們對素食的想法，甚至是改變原來的飲食習慣；以及對高級原食材的素食料理在台灣還很少見，有更多市場發展可能的期待，陽明春天開幕的第二年，我就在台北現在的Bistro 98大樓開了忠孝店。然後第三年、第四年，陸續開了蘆洲、中華和大直店。

在城市中的分店，用餐環境和陽明山上的總店自然不同，也比較難有完整的時間將各種用餐體驗慢慢傳達給顧客。雖然難免感到有些可惜，但換個角度想，這些分店至少提供了都市人一個方便吃素的管道，讓他們有更多機會接觸到不一樣的素食。

那時，我滿懷熱忱，甚至曾想要盡量拓點到全台灣，靠自己的力量來推廣素食。我也曾經想過要再創立一些不以服務爲主、經營模式較易複製的品牌，從不同面向來推廣素食。考慮過手搖飲料、拉麵、小火鍋等等，付諸實行的細節、各種可能的狀況都討論過，好幾次甚至把企劃書都整個做出來了，卻因爲一件事，讓我全盤重新思考未來的方向。

當時的營業規模逐步成長，逐漸龐雜的資金運作，讓原本就不擅此道的我不得不找個專人來管理，卻又因所託非人，反而造成了另一些財務問題。

事件過後，靜下心來審視自己，我的性格比較浪漫，可以不計得失地去追尋自己認爲值得投入的理想，也可以不拘成見地發揮創意，但在比較實際的財務管理或資金操作上，就相對的不那麼擅長，拿捏也沒有那麼精準。

二〇一二年又是一個轉捩點，我反覆審視著那些幾乎都已成形的腹案：手搖飲料、拉麵、小火鍋……如今市場變化得這麼快速，這平平穩穩的一份份企劃案中，値得投入的深度和亮點在哪裡？一旦確定拓點，那又是一條新的戰線。但看看當時原有分店的經營狀況，大多只能持平，雖未虧損，但也沒有多少盈餘，不上不下地撐著；少數幾間店甚至是小有虧損的。我不免有些疑惑：這種經營模式眞的是我想要的嗎？當店數拓展得更多，經營的品項又是一個全新的領域時，我們現有的團隊眞的能夠把所有狀況都掌控得很好嗎？對我而言，更重要的是：建立新的品牌，是否眞能達成推廣素食的初衷，能夠延續陽明春天原有的精神，在素食的領域裡闖出一條沒有人走過的路？還是只是分散了自己有限的精力，讓現在已知缺點的危害更形擴大？

將優缺點一一深思後，我領悟到，以我們現有的團隊，並不適合把經營重點放在規模的拓展上頭。更何況，也並不是開了一百家店，一個品牌的影響力就能變成一百倍。與其好高鶩遠，不如專注於我們可以做得很好的事，把它推展到極致；回歸到品牌的深度與影響力的經營之上。要試圖打造素食全新的形象，而非衝高展店數與營業額；無論賣給一個客人還是一百個客人，我都要盡全力做到最好。

那一年，我毅然決然把忠孝店以外的分店一口氣都收了起來。先凝斂、先專注，把因繁雜的事務而稍微慌亂了的初心拭亮，再來想想下一步的路。

我思索著，台灣因爲人口並不算多，整體市場並不大，無論建立怎樣

的品牌，其實都是在既有的飲食習慣中去分食那塊有限的餅。與其如此，倒不如在原有的基礎上逐步擴充，做別人沒做過的事，以全新的面向來吸引顧客，再把這些客群帶回最初的素食餐飲。

然而，要打造出新的面向，就必

須提供新的產品或服務。什麼是可以添到目前的營運模式中，不需另創品牌，便能為餐廳加分的？另外也需考慮的是，山上的土地有限，也有一些開發限制，我們只能在原有的建物上頭做變化，無從擴增。於是我們開始思考：那些原本棄置的建物，有沒有其他用途與可能性？有形的空間能提供的有形事物也是有限的，我們有沒有無形的主題可以發展？我們一直都在嘗試，將山上這樣特殊的場域獨有的一切體驗傳達給顧客，但可不可能更自覺地將這樣的體驗推到極致？

我們一路尋思、一路摸索，試著去觸碰所有可能性，也嚐盡了先驅者開拓道路的孤獨。不斷冒出新想法再被自己推翻，這樣過了好一陣子，直到隔年，我們有了一個有些大膽，甚至也許有些瘋狂的想法。

在那時候，我們怎麼也想像不到這個方向竟然會如今日般有模有樣；而今日台灣的素食市場已大有發展，台北甚至還被ＣＮＮ評為世界素食友善城市第三名，這些都是當時在山上開著素食餐廳，被人笑說怎麼看怎麼突兀的我們所始料未及的。

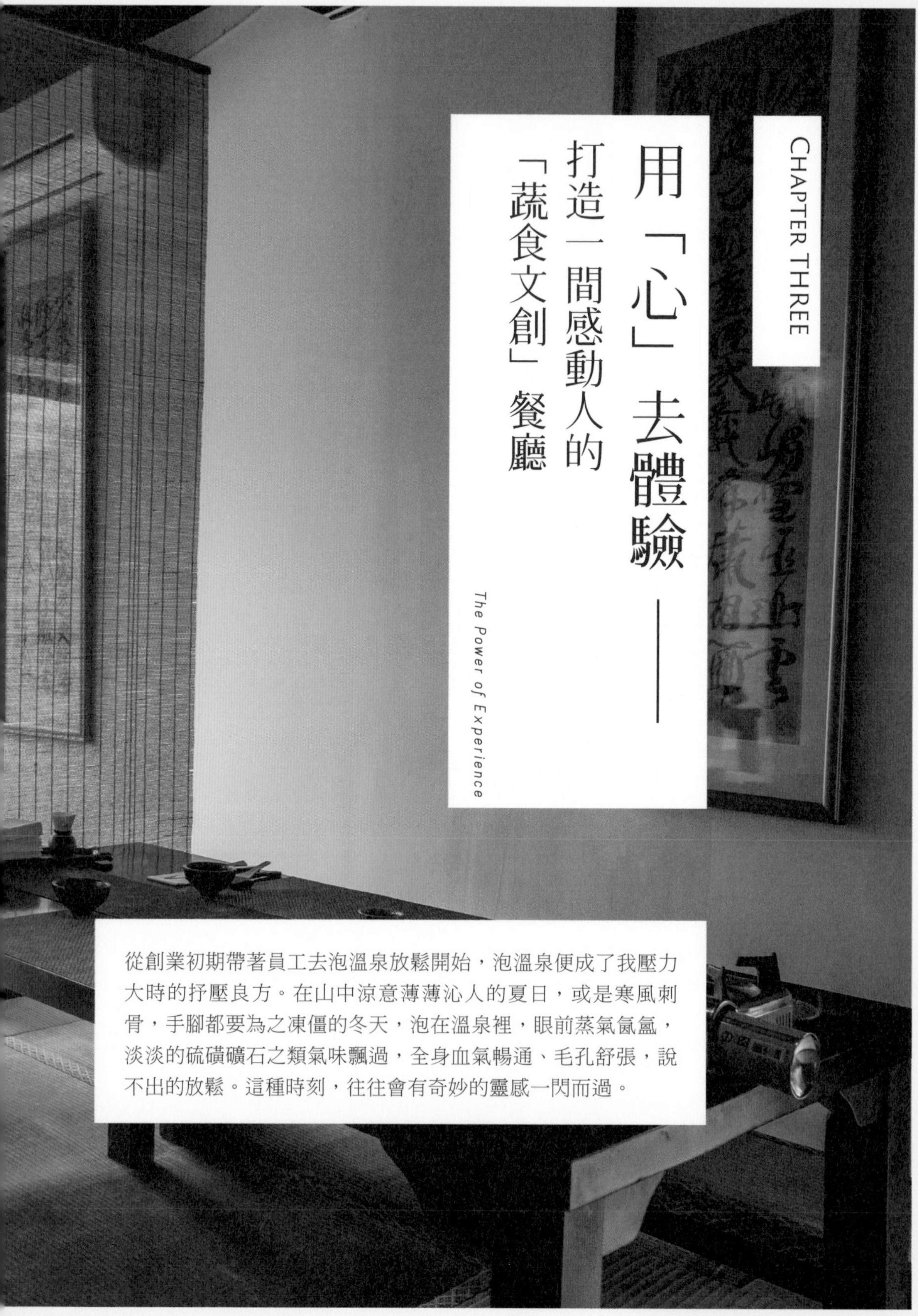

CHAPTER THREE

用「心」去體驗——
打造一間感動人的「蔬食文創」餐廳

The Power of Experience

從創業初期帶著員工去泡溫泉放鬆開始，泡溫泉便成了我壓力大時的抒壓良方。在山中涼意薄薄沁人的夏日，或是寒風刺骨，手腳都要為之凍僵的冬天，泡在溫泉裡，眼前蒸氣氤氳，淡淡的硫磺礦石之類氣味飄過，全身血氣暢通、毛孔舒張，說不出的放鬆。這種時刻，往往會有奇妙的靈感一閃而過。

二〇一三年，我持續思索著陽明春天未完成的轉型事宜。某一天，在泡溫泉時，我突然想到：美食是一門藝術，而我本來就很愛喝茶，茶要泡得好、要懂得如何細品、什麼樣的茶該搭配怎樣的器具方顯得宜、怎樣在泡茶到喝茶的過程中全心全意，放下塵念、如何藉著茶湯與人交流人生的滋味，那也是一門藝術；陽明山四時隨季節流轉的天然美景，當然更是大自然天生天成的藝術品。如果能用「藝術」的概念把這一切結合在一起，說不定能夠再發展些出什麼新東西來。然而光是這三樣似乎還有點單薄，缺少了些什麼……想著想著，一個奇妙的詞彙在心間一閃而過：「心五藝」！

從心出發，眞心、眞誠地面對自己、面對人生、面對天地萬物，一直是我由葷轉素後重要的生活信念。食物、茶，所有美好的藝術也都有這種特質。如果是這樣，或許就能把陽明春天原有的基礎和藝術結合在一起。

一個大膽的念頭呼之欲出：也許……我們可以試著做文創！

我們有我們的路：作體驗的生意

從那一個不經意的發想開始，接著是一群原先只懂做菜，一點也不覺得自己懂畫、懂音樂、懂藝術的門外漢之摸索。這過程中最重要的，大概就是我們確立了「體驗經濟」這個方向。

陽明春天到這時只剩下陽明山總店及忠孝分店兩家店，一家位於陽明山上，人跡少至，清幽雅緻；另一家則位於生活步調最爲緊湊的台北東區。這兩家店提供的餐點差異不大，但客人的反應和回饋卻往往有不小的落差。我由此非常清楚地意識到，顧客用餐時的感受，絕對不僅僅來自於餐點和服務本身。既然我放棄了多開分店或建立新品牌，選擇加強原有品牌的深度和影響力，那麼總店園區獨特的環境帶來的一切體驗，就正是最佳的發展基礎。

我希望能將顧客在陽明春天園區停留的時間，打造成一段獨一無二的小小旅程；在這期間提供的所有服務，都希望能刺激人們的感官，讓人們對周遭的生活環境有更深刻的體驗，留下更多或者清新、或者溫暖、或者驚喜、或者難忘的回憶。體驗最終的目的，則是要勾起人和自己更深層的情感與記憶的連結。而以體驗的四要素：娛樂性、教育性、美感、抽離現實性爲我們的發展重點。定位明確了，才能知所取捨。

而「心五藝」的內容，除了原先有的料理爲「食藝」，環境爲「綠藝」，以及茶爲「茶藝」以外，我還想大膽地加入美術館作爲「文藝」，並提供場地、建立讓其他優秀的創作及藝術得以發揮所長的平台，此則爲「創藝」。

有內容，也有了方向，實行的過程卻仍是一段漫長的碰撞與摸索。

3-1 心五藝：茶藝

「一個人喝茶」到「一起喝茶」

在原有的料理之外，我們最早開始著手規劃的是茶藝。我從當兵時期開始喝茶，至今爲止也快二十年了。我雖然懂得泡茶、愛喝茶，也長年收藏茶具，但要如何把「茶」的概念融入餐廳，而且最終要能變成營收來源的一部分，一開始也很茫然。

餐廳附近有間閒置已久，處處霉斑的小屋，那裡一開始是倉庫，後來我勉強在倉庫裡間擺了一張桌子，充當員工休息室，用來泡茶、聊天，讓大家在工作之餘有個地方可以坐下來放鬆心情。現在的若水茶舍就是由這個倉庫改造而來，但這裡空間不大，所以一開始我就放棄了像貓空那樣另闢茶館的可能。

爲了了解其他業者還能如何經營和茶有關的生意，我也曾報名坊間的茶道課。由於喝茶多年，在課堂上得心應手，隔壁的同學還熱切地轉過頭來對我說：「同學同學，你好像很會泡的樣子。」但是上了幾堂課，我便明白，這種極其簡化，教人們什麼是茶、什麼是壺、茶席如何擺設，卻不觸及飲茶的精神和內涵的課程，絕不是我想要的形式。

陽明春天的大門外曾有奉茶，路過的、等公車的、來爬山的、經過的腳踏車隊等等，並不限於來用餐的客人，每個人都可以隨意取用。許多上陽明山的人經過了，都會來喝上一杯，或裝滿一水壺帶走。用一杯溫熱的

茶，和許許多多自己可能一生都不會結識的人，結一個相忘於江湖的善緣，那是我一直很珍惜的心意。然而隨著社會逐漸複雜，陽明春天也開始經營出了點口碑，有天一個顧客提醒我們，萬一茶放在門口被人下毒，事情會很麻煩。幾經思量，我們也就取消了大門口的奉茶。但那份「想透過喝一杯茶結一個善緣」的想法，卻始終在我心中盤旋不去。

想想，茶舍的改造，不妨就先從這份「想和顧客分享喝茶的感受」的心意出發吧。

心靜、安心——動手打造若水茶舍

若水茶舍的前身原本是個昏暗潮濕的倉庫，即使將裡面的桌椅碗盤都撤走了，陰濕的壓迫感仍揮之不去。我坐在裡面喝茶的時候，會很想走到外頭來看看景色、喘口氣；然而走到外面，茶具、茶葉等又沒地方放，無法安穩地喝茶。於是我決定將一面牆壁改爲大片落地窗。可以看見外頭的景色，人就不會有壓迫感；陽光照得進來，屋裡也就不再那麼潮濕陰暗。

有了景色可賞，也希望能有天籟相伴。於是又決定在外頭挖兩個池塘，讓這片地深處的水塘原有的青蛙也能到這裡來憩息、鳴唱。

我的團隊自始至終，雖然伙伴們來來去去，但絕大多數都是僅有餐飲工作經驗的人。有時候，我覺得我們就像一群生活藝術家，雖然對很多事情都不懂、不太確定怎麼做才對，但是想到什麼就去做什麼，發現了新的問題就再想辦法解決。一次次下來，也能累積出可觀的經驗。我和江經理一起挖池塘那次就是這樣——

那時我們一人拿一把鋤頭，在來客較少，得閒的時段使勁地挖，剛開始想得非常簡單，以爲一下子就可以挖好洞，隨便弄個水就有池塘了。誰知山上的土久未鬆動，大多糾結成團，每天做到手破皮流湯也只有一點點的進度，卻會腰痠背痛好幾天。

幾天後，一個常客來用餐，看到我和小江像兩個傻子似的使勁地挖，手上滿是破皮紅腫和一個又一個的水泡，他目瞪口呆地說：「池塘不是這樣挖出來的，要去請挖土機來啊！」累得半死的我們才恍然大悟：原來要這樣做啊！

好不容易洞挖好了，土暫且堆在一邊。接著又有新問題：水從哪裡來？

如果只是將水注入，事情就會簡單得多，但這樣只是創造出一灘死水

苦過的
回味
是
甘甜

而已，並非我所想要的；要有活水，如何引水、水流動線就變成一個大問題。池塘底下要鋪什麼，好不容易引來的水才不會滲入地下流走，也是一個問題。

那一個月間，我們傷透腦筋。每天面對著兩大壘擋路的土堆，令人忍不住有些煩躁起來。在那期間，我卻驚訝地發現我們的顧客多的是臥虎藏龍，一個個都成了我們最佳的免費顧問。偶然遇到的水電工幫忙找出山上的水源、設計動線、引水；常來的景觀設計師則告訴我們，買皂土毯鋪在池底代替水泥，對環境會更友善。在陽明春天一路摸索新事物的過程中，我最感謝的人之一，便是這一群既是良師，又似益友的顧客。他們帶給我們的事物，有時竟還遠遠多過這裡的餐點所給予他們的。

池塘完成了，原先土地深處的水塘中的青蛙也來了；於是就有來吃青蛙的蛇，也有蟲鳴蛙鼓。有時看著顧客用完餐，佇足於池畔露出的微笑，

我想，善待環境，敬天愛地，大自然回饋給我們心靈的美好，是三言兩語難以言述的。

除此之外，爲了要將原先陰暗潮濕的倉庫，打造成讓人能在此靜下心來，眞誠地面對自己，摒除雜念，單純喝杯好茶的空間，我採用原木，又在地板上鋪了榻榻米。一進茶舍，眼前便是一盆懸吊的火爐，上頭煮著一壺水，輕煙緩緩飄散。燒紅了的炭火星星點點，小小的飛灰帶起一點思古之幽情。抬頭望去，便可看見落地窗外枝葉扶疏，水塘中波光倒影，蛙魚相逐。再擺上我長年喝茶所收藏的茶道具，以及一些風格古樸的台灣當代藝術家作品，一個可以令人心靜、安心的若水茶舍，總算是大功告成。

夠傻才種得出好茶

茶舍可以說是當初奉茶的一份心意的升級版，無論是在此用餐的顧客，或者只是路過、只是來借洗手間的遊客，只要進了茶舍，都可以免費來喝茶。

茶舍的收益不從喝茶來，自然就得擺些商品在這裡，作爲裝飾也好。一開始的想法很簡單，既然是茶舍，當然就該有茶葉和伴手禮。

我喝茶多年，但卻是到自己要開始賣茶葉了，才突然生出「這種天天要喝的東西，怎樣也得親眼去看看製程、親自認識農家」的想法。只能賣自己信得過、自己也會喜歡那樣的滋味、自己也會被對方的堅持所打動的產品，我想這是挑選陳列商品時最基本的原則。

因緣際會透過南投國姓鄉長介紹，認識了四代養蜂的蔡家，經蔡家轉介才又認識了那附近魚池鄉的年輕茶農阿勇。阿勇在魚池鄉種紅茶，堅持使用有機自然農法。我第一次看到他的茶田時非常驚訝，因爲眼前的景象與其說是田，還不如說是雜草堆裡意外長出茶葉來了。阿勇堅持要讓生態維持平衡，放棄一般人熟知的那種大面積種植同一作物的習慣，而是讓茶葉和雜草及原生植物共生，讓這片土地上原有的鳥和蟲都能找到牠們可以吃的東西，不會因爲人類的農業發展而使牠們被迫遷離。但也因此，產出的茶葉量很少，收成時期更是辛苦許多。

阿勇告訴我，收成時節他請採茶阿姨上山來採茶葉，即使是那些採茶已經如此熟練的老手，面對這樣特別的茶田，一天也採不了五斤茶。那些阿姨甚至會說，每天的成果那麼少，都快不好意思跟他領工資了。

而結識在雲林樟湖山上種烏龍茶的曾大哥，則是另一個更奇妙的緣分。那回我帶著家人出門遊玩，到了半夜，車子在雲林樟湖山上繞呀繞

的，卻怎麼也找不到原先預定的民宿，打電話也沒有人接。時值半夜十二點，我眞的是走投無路了，一看到眼前突然出現一間民宿，不管三七二十一就上前去敲門，老闆娘也就勉爲其難地接待了我們。

隔天早上起來，晨霧散盡，才發現昨晚伸手不見五指之處，竟是風景如畫的好地方，而不遠處竟然還有一片茶田！我和民宿老闆曾大哥聊起來，才知道他也種茶。他說，小時候跟著家裡隨意喝茶，並不講究茶葉。大人隨手抓一把茶葉，丟到大鐵壺裡，一煮就是一整天，連煮茶的手法也不講究。但那時的茶喝起來，卻是格外清香回甘，一點也不覺得苦澀。長大以後，他學會製茶，兒時記憶中茶湯的甘甜滋味卻再也遍尋不著。苦思探索許久以後，他認爲，原因出在現在的人種茶葉會經過催肥，茶就會有肥料的味道，香氣不足、茶色濃，也容易苦澀。於是他放自己的土地一個長假，讓土地好好休息，也思考怎樣才能以最健康的方式種出有機的茶葉，回歸茶最單純實在的滋味。

我遇見他的時候，他的有機農法已行之有年，言談中處處都流露出對自家茶葉的自信與驕傲。

無論是阿勇，還是曾大哥，都不是眞正會賣茶的那種商人，而我也不會去找眞正的商人買食材。這些小農，他們在乎的不是土地的使用率，不是賺大錢，而只是爲了一個理想，堅持用自己辛苦摸索出的方式，種出自己心目中最完美的茶葉。他們賣的是很乾淨、很純粹的東西，賣的是誠實、誠心、乾淨、信賴。他們的堅持令我感動，也往往使我更有勇氣堅守自己推廣素食的信念。

因爲我喝茶，能夠判斷茶葉的好壞，選擇茶葉時比較沒有太多的困難，伴手禮方面卻經過了許多嘗試，初期我們甚至賣過胡椒餅和冷泡茶。胡椒餅雖然好吃，但「好吃」是個太籠統的定位，要營造出獨樹一格的風格和品質上的堅持，就不能只賣光是「好吃」，卻沒有內涵、製程或原料沒有特別的用心及講究的東西。

後來除了使用四代養蜂蔡家契作的蜂蜜，以及來自海拔一千九百公尺的奧萬大森林的白櫸木花粉外，園區餐點中原有的花草醋，在要當成商品來販賣時，在尋找代工廠以及製程方面也都做了改進。

不只推廣蔬食，也推廣生活美學

能吃的伴手禮的選擇還是簡單的，不能吃的收藏品選擇才是眞正困難。一頓飯、一瓶蜂蜜或醋，上百元或者上千元，已經算是高檔的飲食開銷，就經營收益來看卻只是很小的數字。要創造更多價値，勢必得從「餐桌以外的東西」著手。

若水茶舍一進門便有面玻璃櫃，現在擺放了許多古董茶具，或者有歷史的壺，然而那些商品卻是幾經摸索才敲定的。

剛開始，我想起有次我途經三義，在停車場附近信步閒逛時，看到過一家非常別緻的陶布手做工房。那時，留著長髮的男主人正好在屋外走動，一身一看即知是手工製的衣著，深深吸引了我的目光。進了工房才知道，這位男主人是陶藝家蘇文忠先生。他用特殊的陶土配方，經過柴燒，做出一件又一件內斂樸實的茶器及茶倉。茶倉就像是一個放茶葉的小倉庫，由於陶土具透氣性，茶葉存放其中，會在有日照時將濕氣自然排出。茶葉可以在其中繼續舒展與陳化，變得更加柔和、圓潤，且愈放愈佳；也像是讓茶葉在裡頭睡覺，愈睡愈陳，愈睡愈好喝。那些樸拙大器的茶倉，深深吸引了我的目光。而女主人則善於手工的布製品製作，她用日本古布

「若水茶舍」一進門旁的玻璃櫃上，陳列了許多珍貴別緻的骨董茶道具，以及風格獨具的台灣當代藝術家作品，從落地窗向內望，在溫暖的燈光下別有一番閑雅況味。
（圖片由陽明春天提供）

茶席中

做出的茶具包及茶巾，樣樣都十分精緻，又極具特色。

我從陶布手做工房帶回許多佳作，都是我自己愛不釋手的物件。然而我的喜好卻並不等於陽明春天顧客的喜好，那些我第一眼見到時便深深為之吸引的茶倉，並沒有吸引到太多其他的目光。只能說，或許有時工藝與收藏，也得看緣分。

一時之間，我也有些拿不定主意了。其他喝茶的人會想買的收藏品是什麼樣的？接下來，我們也嘗試擺過鶯歌陶瓷。選擇鶯歌的陶瓷，只是因為這種東西門檻最低，只要去批一批看起來雅緻大方的瓷器來擺著就行。然而隨著時間過去，瓷器從商品完全變成了擺飾品，徹徹底底乏人問津，我們也終於認清，這些陶瓷也不是陽明春天的客群想要購買的東西。

某日，一個常客在用完餐後，於園區中盤桓許久。他和我聊天時，不經意地提到：「我很喜歡你們這裡，也想要在你們這裡多消費一點，可是

這裡實在是沒有我能買的東西。」我看著茶舍裡一排排賣不出去的瓷器，反覆思索著他說的話：問題到底出在哪裡？

我想，鶯歌的陶瓷無疑是美的，也具有和茶舍相搭配的情調，問題或許出在，無論是誰、怎樣的店，都可以批這樣的一批瓷器來賣，它們不夠獨特。

於是，我下了決心，要呈現更獨特的物件給我們的顧客，而這也就是今日的若水茶舍所擺設的，從日本進口收藏的古董茶具及古壺的來由。

很多時候，追求獨特性，也就代表著更高，而且可能還不只高上幾倍的成本。有人問過我，愈貴的東西愈不可能很快售出，或者在短時間之內賣得很好，那麼「銷售」與「滯銷」的週期判定之間，該如何拿捏？我只能說，這兩者之間，有時候需要的就是多一點的耐心。東西還沒賣出去的時候，有時候會押很大的成本在上頭，甚至自己心裡也會有所質疑，但是只要能把好的東西和生活中的美學結合，讓它變成有價值的藝術品，兼具實用與收藏功能，它的價值就只會隨著時間過去不斷增長，要賣出去也就不急於一時。

茶舍的真精神：超越物質的慢生活

作爲一個企業的經營者，不可能浪漫地說有什麼收益是完全不重要的。但我一直認爲，有很多事情和創造收益同等重要，甚至有時候更顯重要。因爲這些事情，才是眞正能夠成爲一個人的信念、創造出生命的意義的事情。

園區內增設茶舍，自然就必須有收益的考量，然而對我而言，這個地方更重要的意義，是藉由喝茶彼此分享生命的內涵。日本的茶道講的是

「和、敬、清、寂」，對我而言，茶道則是五心：靜心、耐心、細心、觀心、歡喜心。我用一期一會的精神，和到訪的貴賓相交，彼此眞心誠意，把握當下，我覺得這才是喝茶最美好的部分。茶的製程、專業知識等等，這種事術業有專攻，我相信坊間有許多人都可以說得比我更好。而茶無論怎麼說，無非就是物質而已，它眞正動人之處，是人與人一起分享的——喝茶的時光。眞實的、用人生體會出來的滋味，那才是茶最美好的滋味。

我從當兵時期開始喝茶，一開始，茶色茶香什麼我都不講究，貪圖的只是一群朋友把盞暢飲、相聚閒聊時的那份溫暖。當時也許因爲經濟能力有限，喝不了什麼好茶，然而朋友之間的互動、茶湯的溫度，卻是眞實而暖心，淡而有味的。

後來隨著事業經營逐漸上了軌道，從掙扎求生存的階段步入對生活質感的追求，喝茶開始有了許多講究：產地、年份、海拔、香度、座向、價格、器皿、農法、沖泡的手法……每一項都有無窮無盡的細節，可以無止盡地探究下去。我也曾經就只是追求這些，外加收藏茶具，便那麼過了許多年。

直到陽明春天開始發展心五藝，在思索茶舍的整體規劃時，我才眞正靜下心來去思索：多年喝茶的體驗中，於我而言最珍貴、我最想和別人分享的，究竟是什麼？

貴賓預約茶舍茶席時，我通常會請對方先靜坐二十分鐘，讓對方完全從俗世的步調中沉澱下來，然後才開始泡茶。每個人的生活中，都有許多事情可堪忙碌，年輕一點的是學業，也許也有和家人、情人之間的關係要處理；年紀稍長，出了社會，工作上的關係更爲複雜，或許上有上司、下有部屬，而在家中也會面臨上有老下有小，許多事情需要自己操心的情況。我們的一生就是這樣不斷的忙碌、獲得、錯失……意識累了的時候，身體可以休息；心累了的時候，怎樣才能找到安心之處？

在這全然寂靜的二十分鐘裡，我見過有人突然就潸然淚下，也見過不耐煩的人、或者心滿意足地綻放微笑的人。我深刻地感受到，每個人活著都

有許多的不安，無論事業做得再大、表面上看起來再風光，人若有顆躁動不安的心，就會時時刻刻生出無窮無盡的煩惱。

短短的喝一杯茶的時間，就那一刻，人和所有仍在等待自己去完成的俗事都無關，只聞茶香、只有手中和喉間的清芳溫熱，只有眼前波光、天上雲影。彼此交換幾句人生的體悟，喝茶喝的就不再只是物質，而是超越了物質的精神。而我最想在此處和大家分享的，也就是當下那一刻的慢生活、那一刻心靈的自由。

苦過的回味是甘甜

陽明春天的「心五藝」，或者我的茶道講的「五心」，聽來或許是有點抽象的事情，我卻有一個例子可以分享。

有一回，武夷山岩茶的第三代傳人，帶著自製的茶來到茶舍與我分享。面對這樣製茶、泡茶、喝茶的大行家，我也只能敬愼持重，如往常那般恭敬仔細地爲他泡好茶。大大出乎我意料的是，他品過茶後，再睜開眼睛，眼眶中竟有不易察覺的淚水在打轉。他舉著杯子緩緩地說：「我泡不出像這樣的味道，我也從來沒有喝過這麼好喝的茶。」

說起泡茶的手法，或是使用的茶具的優劣，我想他絕對都是一流的。同樣的茶爲何會生出不同的滋味？我想，或許也就是我在每一回泡茶的時候，秉持的那一份恭敬、感恩與細心，的的確確浸入了茶湯，而眞的傳達到了品茶者心中的緣故吧。

又有一次，我爲航空公司接待從上海來的企業家夫妻和他們的女兒，那回在茶舍靜坐後，我突發奇想，爲客人準備了悶茶。

悶茶時，水在壺外，壺內僅注入一點點的水，因而茶湯的滋味極度凝

苦過的
回味
是
甘甜

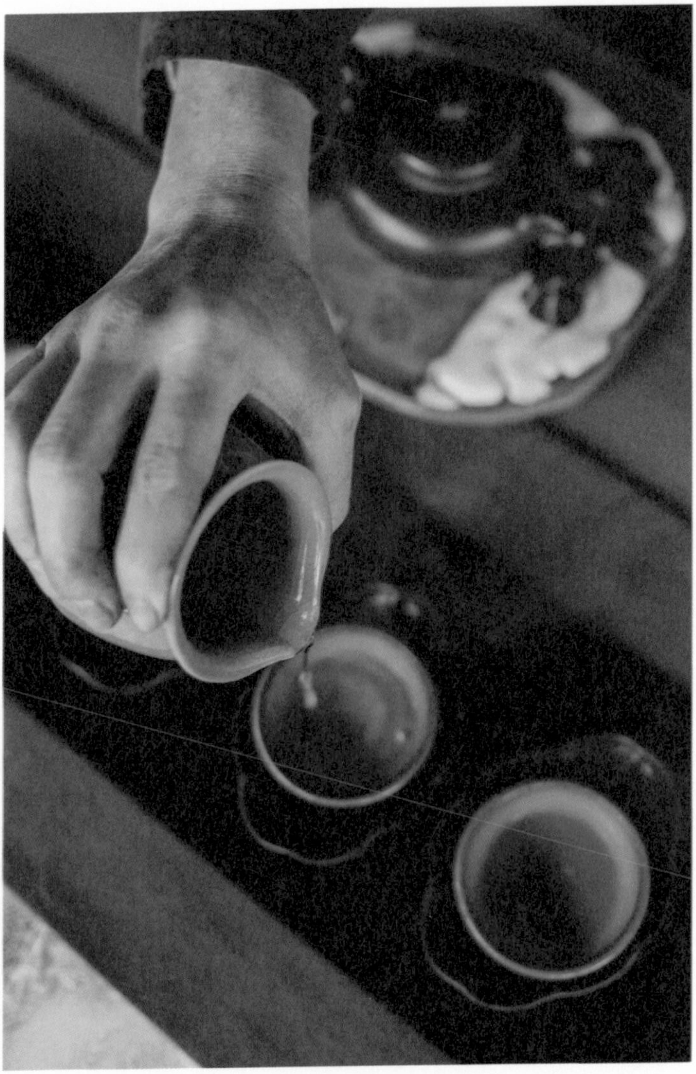

煉，最後每個人分得的少少幾滴，喝來如同苦茶或藥湯，細品卻又是萬般滋味都在其中。

「你們閉上眼睛喝悶出來的這一滴茶。」語畢，過了一會兒，我才接著說：「你們用所有味覺感官去感受，眼睛閉上，去感受：是不是很苦？是不是很澀？是不是很甘？是不是很香？」

「人生就好像這一滴茶一樣，苦，而且澀，這是茶的本性。但是茶的本性又有分好壞，好茶的苦是生甘的源頭，澀是生香的源頭。好茶就像人生一樣，不苦不澀不是茶的本性，不苦不澀不叫人生，但是最後是甘甜，因爲苦過了的回味是甘的；澀過了，香氣全部都會留在嘴裡。這些感受你自己最明白。這一滴茶代表人生的酸甜苦辣，如果這一滴茶不夠好，這份苦澀就會一直留在你的嘴裡，讓你非常不舒服；但這個茶是相當好的茶，這就像人的本質一樣，苦澀以後就是香氣與回甘。」

我說到這裡，那位夫人竟突然淚如雨下。我當然不會知道那天她究竟想到了些什麼，只是在這短暫的相會中，我真心誠意地泡了茶接待他們，而對方也真心以對，那就是最珍貴的時刻。

還有一次，一個北京來的女孩，背著背包，頗有些不確定地踏入園區。經詢問後才知道，她到台灣來自由行，去了誠品書局的茶會，席間有人推薦她，若想更深刻地體驗喝茶，不妨到這裡來看看。

她在這裡吃了素食，和我們一起喝茶，靜靜地分享彼此的經歷。我對她說：「茶道於我而言，是行身也是修煉。茶藝本身是華麗的，每個細節、每個步驟都有無窮無盡的講究，但我更在乎的是用心去悟，悟出生命的許多眞理。」

相處了一週後，她回北京，回去後，她卻告訴我，她很迷網。在這裡過了一週的慢生活，每天做的是去體驗生活中所有美好的細節，陽明山上

的風吹草動、蛙鳥交鳴，每時每刻光影的變化、山間的氣息，都深深烙印在她的心中。然而回到原先的生活，周遭的朋友沒有人在意這些，衆人追求的是結果，而非內在或者是意境。

我問她：「生存、生活、生命三個階段，妳現在在哪裡？」

她答：「想要生活，但在這之前要生存下來。」

我告訴她，回到原先的生活，會有不適應是很自然的事情，因爲生存、生活、生命三個階段，往往並非截然劃分，而是同時存在。能以平常心去面對各種境況，那需要時間和經驗；重要的是無論面對何種境況，都能眞誠地面對自己與他人，且要試著過得快樂。迷網也是一種眞實的生活體驗，只有眞實地去面對每一天的生活、面對各種挑戰，體驗愈深，才能像老茶一樣，愈來愈有層次，滋味愈來愈圓潤。

我並非什麼了不起的人，只是藉由一杯茶，分享一點多活了一些年歲的人之經驗給她。人生有那麼多疑惑的時刻，我也曾感受過來自他人的善意與扶持多麼暖心，只希望能夠將這樣的溫暖再傳遞下去。每一次泡茶，我都是付出自己最眞誠的心，而對方則告訴我他們如何難忘。我覺得人生的難得是在於每一次的緣份和際遇，全部都是付出而無所求，而我很幸運地透過茶舍，結下一個又一個這樣的緣分。

3-2 心五藝：食藝

不只吃進食物，也吃進回憶和感動

「食藝」是陽明春天的根本。一開始，我只是爲了不再殺生、不願造殺業，希望能和天地間的自然萬物有更平等的相處方式，而選擇了放下葷食，改吃素，也改做素食，並將推廣素食作爲自己的使命。然而在後來接觸多方理論的過程中，我更清楚的了解到素食對整個地球的友善，也希望能帶領我們的團隊來傳遞這樣的「心文明」。

剛入行的時候，料理對我而言就是食物，只不過可能是比一般家庭能做出的菜更精緻一些、更美味一點、更講究一些的食物；然後，也曾經有前輩告訴我料理是一門藝術，只是當時的我還太年輕，聽得似懂非懂。許多年過去以後，當我開始改做素食的時候，我明白了，料理可以是生活中最直接的健康來源，和運動同等重要；再後來，我理解到，料理甚至可以是一種環保的方式，或是一種文化的重要表徵。因爲食物是人與人之間溝通情感最好的橋樑，也是理解一個家庭、一個地區、一個社會、一個國家最快的一種方式。

吃葷食不僅奪走了許多動物的性命，在大量養殖供肉食的過程中，這些動物要吃下可以直接餵飽許多人的飼料作物，然後才能長出一點點肉；而其生長、運送的過程中，又大量增加了碳排放，不僅耗費地球的資源，也不夠環保。此外，無論是在陸地上還是水中，爲了使這些動物能長得更肥大、提供更多肉、更違反自然地百病不侵而施打刺激成長的激素及藥品，不僅污染了生態，也有可能對人體造成各種影響……相對而言，素食的確是對環境更爲友善的。人類的口腹之慾可以用上天下地、只要是活著的會動的就無所不吃的方式來滿足，但是也可以簡簡單單，用對自然負擔最小、最無害的方式來滿足。素食對我而言，代表的就是這樣一種愛護生命、尊敬、包容、純潔、無染、淡泊、謙恭樸實的生活態度。

不殺生、非加工、養生又健康是我一開始的基本要求，而後我們在呈現蔬食天然的美味，及擺盤要具備禪食清靜的意境這方面下過工夫。到了現在，除了保持前述的基本要求外，我們更在意的，是要在用餐時帶給客人更多體驗的可能。

從前學做菜，學的是把食材發揮到極致，調味、火候、刀工等都要做到最好。一道菜在廚師手中得到完美的完成，客人只需要負責接受、負責品嚐即可。直到這些年，我才學會，留一些事情讓顧客一同參與，往往會讓用餐過程變得更為驚喜、更有趣味，也會讓顧客印象更深刻。

比如我們現在提供的前菜中，有一道綜合乳酪拼盤，將各式乳酪、生

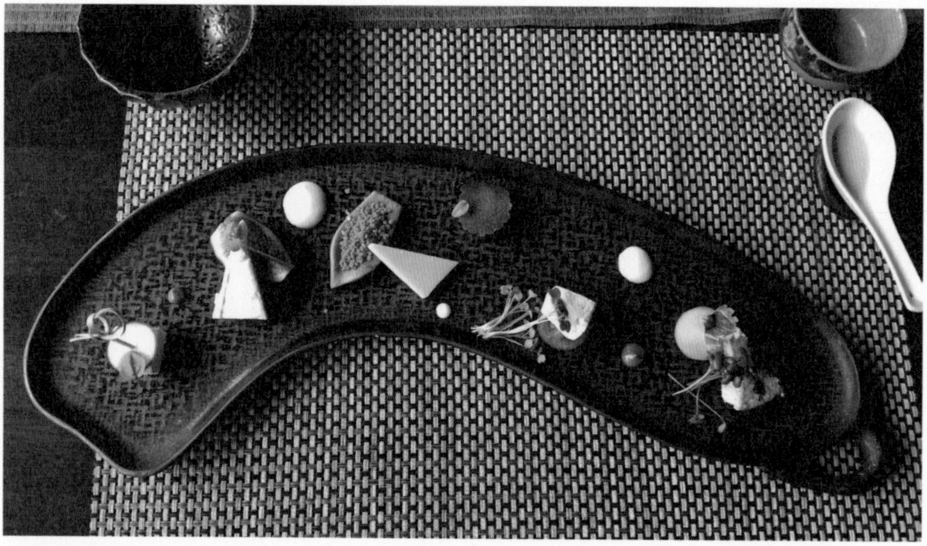

以抽象幾何形式排盤呈現，給予顧客充分自由探索用餐樂趣的前菜：綜合乳酪拼盤。（圖片由陽明春天提供）

菜、醬汁不規則的擺在盤中，以其顏色和香味創造出抽象幾何式的視覺美感。食用的時候，重要的並非傳統認知中的什麼乳酪適合搭配什麼滋味的食物、什麼醬汁沾什麼東西吃才對，而是顧客在各種最純粹的原味與各種疊加、混搭之間自由摸索所能得到的樂趣。正是因爲對自己即將創造出的組合滿心期待，食物入口的滋味才會更令人印象深刻。

又或者是這幾年提供的餐後甜點——自製豆花，與其把做好的豆花擺在漂漂亮亮的盤子裡，加入各種精緻的配料，走一般甜點賞心悅目的路線，我們倒覺得，還不如讓顧客有參與感，會更令人印象深刻。用餐時，服務人員將鹽滷加入每天早

服務人員將鹽滷加入每日早晨用陽明山的山泉水和非基改黃豆，每天現磨現煮的有機黃豆漿，倒入木桶後，請顧客翻動一旁的沙漏計時，等待豆花形成，讓顧客一起參與餐後甜點的製作過程。

上才現場研磨的有機黃豆漿中，倒入木桶，然後請顧客翻動漏一回需時五分鐘的沙漏，翻動三次，也就是十五分鐘後，豆花就在桶中凝固了。完全無添加的天然豆花，就在時間的悄然流逝中悄悄完成，然後才提供黑糖漿及佐料，供顧客自行搭配。

雖然只是一件很小的事，卻令許多顧客驚喜不已。我想，人和自己吃的東西有了某種關連，才會對自己即將要吃下肚的食物、甚至是對這些食材生長在怎樣的土地上，有更多的興趣。

而用餐時的體驗與感動，也不僅限於餐點本身。從創業之初，我就非常清楚，高價位的消費中，顧客會期待得到的超乎想像的驚喜，是我永遠都需努力的目標之一。在客人用餐的同時，會有服務人員現場用毛筆揮毫，將今日的餐點一一寫在宣紙上，並在卷末題上顧客的姓名。最後將這菜單捲起成套，包裹住我們自行印刷的書籤，再用麻繩繫好，就成了一份

有紀念意義的小禮物。

在清幽的山中吃著清靜的禪食，身旁竟還有個人在寫書法，這種意趣時常會令顧客會心一笑。

而對我們來說，每多做一點點小事，或許就能換來顧客一個乍綻的驚喜的笑顏，以服務業從業人員的角度而言，這是非常非常值得的事情。

食藝發展到後來，

歲次乙未冬

陽明春天 人文餐飲
迎賓菜單
明日葉茶
何首烏養生湯
春天五合拼盤
雀巢珍寶
御品煎豬排
桂圓薑棗醋
山泉涀沖豆花
陽明春天

（圖片由陽明春天提供）

料理美觀、好吃，食材有機、天然，烹調時不添加化學香精，後來盡量嘗試著連調味料也不用……這些都成了我們對自己最基本的要求。隨著社會逐漸富裕，人們對美食有更多的期待，我們也始終期許自己走在這些期待之前，希望能把更好的理念融入料理的製作過程，也一直在和台灣各地堅持自己的本心栽種的小農合作。之後，我們甚至希望能夠把人和土地、和季節的連結性這樣的教育意義加入料理創作當中。

好比說陽明山上三月盛放的櫻花，可以透過相機、透過眼睛、透過畫筆去捕捉它的美，但是櫻花也有香氣、也有滋味。透過料理捕捉這份平時不為人所知的美好，開啓人們對食物及環境之美的感官體驗，表達出素食回歸心靈、尊重生命的美，這正是我們嘗試著透過飲食來傳達的一種「心文明」。

3-3 心五藝：綠藝

讓心回歸自然

陽明山上清幽且令人忘憂的美景、和塵世有點距離，卻又不會離得太遠的超然悠緩感覺，是我把餐廳選在這裡最主要的原因。對於園藝和造景，我們一貫的態度是尊重自然，所以除了鋪上一小條石子路、略爲除草，以確保賓客遊園、行動時的安全以外，其他時候，我們都盡可能維持原來的生態樣貌。

新長的雜草一點一點從石子路的縫隙探出了頭；草坪上各種雜草競相爭發，也說不出是什麼草的草皮；花樹或花叢，我們也未曾特意施肥，春和日暖花開得一片燦爛是好，天冷風驟只有零零落落幾朵小花的時候也是

好。自然是生命的顯化，四季交替自是有起有落；在氣候多變的山上，有時無預期的山嵐也會倏然帶來另一種意境的美麗。那樣的美麗卻會遮人眼目，轉身之間氤氳散去，反而又顯綠意之盎然。山中的美景，反而更讓我觀覺無常，也唯有以恭敬心，恭敬無常罷了。

這片園區因未經過度匠意規劃，而顯得特別質樸自然，然而初期，我卻也曾有過想要把這裡變得更有主題的想法。我大概知道陽明山上有些蕨類，在看到國外的雜誌以蕨類來布置環境，營造出自然中不顯紊亂、看起來有規劃卻又生氣蓬勃的感覺以後，我也曾請教過一位國內的蕨類權威，請那位教授帶我們了解這裡的植物，並打算著手改造環境。後來想想，這裡明明已是一片綠油油，如果爲了造景而要特地栽種什麼、移植什麼，便顯得太過刻意，因此而打消了特地造景的念頭。

但在和身爲蕨類權威的教授相處的過程中，我們才明白到，在一般人眼裡看起來都是綠綠的一片，似乎沒什麼分別的植物們，其實有著許多不同的種類，也都是台灣長久以來的地質環境與氣候才能培植出來的、獨一無二的存在。和那位教授接觸過後，我們更懂得珍惜眼前這片天成的美景，以人工加以改造的心思也就漸漸淡了。

某天，在業界素有「蘭花大王」之稱的常客，吃完飯後在園區四處走動。大概是看慣了花朵盛開的燦爛景致，他對於陽明春天一整片地只能開出稀稀落落幾朵花，顯得有些看不過去。逛了逛後，他爽快地說：「你們這裡怎麼什麼花都沒有，到處都是一片綠啊？不然我送一些蘭花來給你們種吧！」我對蘭花的印象，不僅名貴，而且通常也不好種，於是連忙擺擺手：「我們不會種啦。」他倒是一派豪氣：「我挑一些適合你們這邊的環境的給你，不會種也沒關係。」

幾天後，第一批蘭花來了，我們把花嫁接在園區的樹身上，然後又是一貫的順其自然。蘭花活是活下來了，不過一朵花也沒有開過。後來，蘭花大王又送過一批不同品種的蘭花，也不知是水土終於對了還是機緣，終於在園區中綻放。現在在園區裡閒晃時，如果看見一棵大樹很不自然地在

嫁接在園區樹上的蘭花。

樹身長出很不一樣的葉子，還開了花，那多半就是我們好不容易種成的蘭花了。

蘭花在園區中開放，是偶然，我卻想起那位教授說過的，陽明春天並不算大的園區中，有二、三十種蕨類，其中有些是台灣非常珍貴罕見的。想想，台灣亦素有蘭花王國之稱，蘭花也是台灣的特色之一。或許我能做的，不是想著要怎樣用一己之力去打造這個園區，而是如何自然實在地把台灣這一方的好山好水呈現給顧客，並盡可能將這個環境帶來的感動，導入我們帶給顧客的用餐體驗中。

以前常常有人問我：「這個園區花多少錢及時間打造？你們能在這裡工作、生活，眞的很幸福。」我們團隊待在山上的時間最長，對大自然之美的領略或許也比匆匆來了又匆匆離開的顧客們深刻一些，為了不讓這片景致僅僅是流過顧客眼簾，卻沒有流進他們心中，天氣狀況和表演條件許可的時候，我們也會在室外的草地上辦茶席、辦小型音樂會或表演活動。

園區中有片草地，四周散布著些石塊可供坐下歇腳，我們便將那裡命名為「露天劇場」，條件許可的時候會在那邊舉辦戶外的活動；以往，餐廳以落地窗將室內空間和外頭的草皮分隔開來，讓顧客在室內就能欣賞景致，享受陽光照拂、飽暖無事的閒適。但再仔細一想，與其隔著一層玻璃看世界，還不如打造一個空間，讓人想親近大自然時可以走入自然，需要遮風避雨時亦有屋簷歇憩。於是我們在餐廳外側鋪設了一條低矮的木造露台。坐在露台上的時候，腳一伸一踢，便能碰到前方的草皮，草皮上或許有新鮮的露珠，稍遠處有像是彎腰在做運動的蘇鐵，園區內的青苔悠悠爬上石雕；偶爾會有貓或者是笨拙的黑冠麻鷺慢慢走過。夜間，在露台上點起蠟燭，燭火朦朦晃晃，別是一番情致。

春天有鳥鳴，偶爾還能聽見啄木鳥扣扣扣的聲音；到了夏天，一隻隻青蛙不曉得躲在哪裡，驚人的鳴叫聲響徹林間；秋日有蟲鳴；冬日即使萬物俱歇，也仍然有呼嘯的風聲。

露台上擺了棋盤和坐席，在清風與明日之下思索，不是比呆坐在屋裡對奕更顯得愜意嗎？餐廳內的音響原本播放著古箏的曲子，但這種音樂許多店家都有，無論是餐廳、便

利商店、大賣場……人們早已習慣了對這些背景音樂聽而不聞。於是我靈機一動，請來古箏老師涂婉慈老師。天氣好的時候，她便在露台上，讓風將錚錚琮琮的樂音攜至遠方；天氣冷了，她便坐在屋裡燒暖的炭火爐旁，以清亮的樂聲送暖。

我曾經問過她：「妳來陽明春天，除了彈琴以外，最想做的事是什麼？」她不假思索便答：「學習付出。」我對她說：「做中學，做中覺，做中修，能付出是一種福報。所謂一日做一日功，一日沒做一日空。凡走過必留下痕跡，凡做過好的必留下功績。」我想，所謂的痕跡或功績，不見得要是什麼大事業。萍水相逢之間，甚至不必記得彼此的長相，但是她曾經用樂聲在不知不覺間撫慰了某些人的心，那就是最美好的付出。

在大自然中，人能夠得到的平靜與祥和，永遠是困居於斗室中所無法得到的。我們但願能夠多做一點點什麼，讓已經置身於自然美景中的人，不要再視而不見、聽而不聞，而能夠眞的用心去感受。

新鮮直送：從農場到餐桌

除了致力於將顧客的人與心送回早已遠離的大自然之外，我們也一直在思索著更多新的可能。「從農場到餐桌」的概念，除了包含本來就不過

度烹調及調味，盡量保持食材原味的理念之外，我們更希望能夠縮短農場到餐桌的距離，以減少更多的碳排放，更徹底地對環境友善。

想像著未來，我們也許能夠帶著顧客去看等會兒即將要送上餐桌的菜是如何生長的，這些食材絕非憑空而來。新鮮原料並不像化學製品，是靠著元素和元素的合成或反應憑空出現的，而是有生長歷程，眞正領受過陽光和雨露的滋潤，再把那一切轉化成養分提供給了我們的。當人們能夠親身體驗到這一切，認知到我們吃的菜其實就是從我們腳下、我們身旁的這片土地長出來的，食材的新鮮就會讓人多一份感動、多一份親切；對自己生長的土地就會多一份認同，也多一份對萬事萬物的敬重。

我們規劃近期就開始自己栽種原料，實現新鮮蔬果從農場直達餐桌的夢想，如此吃飯就會變得更令人安心；也規劃要開放小農場認養，讓顧客親手栽種、親自體驗一日小農。顧客在這裡種的菜，可以帶回家自己烹調，或者是現場採收、馬上上桌，享受最新鮮的滋味。我們希望能讓人與食材、土地產生更多連繫。人與土地之間的關係不只是買賣，而能融入更多生活的情感。讓用餐不只是更有樂趣，更能從中培養對於土地的感恩。

3-4 心五藝：文藝

回歸創意的本質，找到生活的美好

文藝是我們的團隊初期概念最模糊、摸索時最缺乏方向的一個領域。一開始只是模糊地有個想法：要做和文化藝術相關的東西。於是很直觀地想到，園區深處，原先的地主朋友居住的小房子，或許可以作爲藝術展覽

的場地。最初，我們定調爲與生活有關的「生活藝術講堂」，在這期間，也短暫舉辦過雕塑、水晶、水墨畫之類的展覽。

爲什麼這些最後都不對，我只能說，或許那些短期的展覽，使我更加意識到，雖然我們不甚懂，但也並不是只要有藝術品擺在這裡就好。我仍然懷抱著希望，盼望能找到一個理念契合的藝術家來合作。

如此邊做邊調整，也整整摸索了半年。初期心裡一直想著，要讓美術館內容更多元、更豐富，於是把已經不大的屋子硬是隔成四間，打算分別展出雕塑、字畫、油畫等。內部都已經上好了油漆，只等細節敲定時，一個本身是音樂家的客人看到了這間「麻雀雖小，五臟卻太過齊全」的美術館，不禁搖了搖頭。他提醒我們，這間房子本身已經很小，現在這樣隔成四間，壓迫感很重，不是個能夠讓人輕鬆悠閒地欣賞藝術的地方；貪多想擠進四種類型的藝術品，反而每種都只能意思意思擺上幾件，深度不足就會淪爲擺飾，反而失去美術館之爲美術館的意義。

我們略一思索，便知他講的有道理，當場請原本來完工的工人把所有隔間又全部敲掉。美術館最後僅隔成一大間和一小間的裡間，硬體算是落成了，卻還沒有內容。

籌備美術館的期間，我與許多藝術家見過面，聽他們暢談自己的理念，也詢問合作的可能。這其中有些是餐廳的顧客、有些是朋友，或者朋友的朋友介紹來的，然而談到最後，每個人都不免要問一句：你對這個東西懂多少？我既無藝術相關的背景，更不懂藝術經紀，對於專有名詞也說不出個所以然來，最後總是不了了之。但我心裡一直想著，文創應該是有文化、有深度及教育意義的。我知道自己多年來不斷的成長，有賴於許許多多人曾給過我養分，如今這些成長的養分，應該回饋、分享給更多的人。景氣有好有壞，生活也必然有起有落，但那些都是外在的過程，我想提供一個能給心靈養分的環境，我也深信在台灣這片土地上，一定有能認同我的理念，甚至是理念相同的藝術家。

畫作《天梯》搭出與施哲三博士的合作之路

就這樣，閒時開車到台灣各處拜訪藝術家的日子仍在持續。有一天，

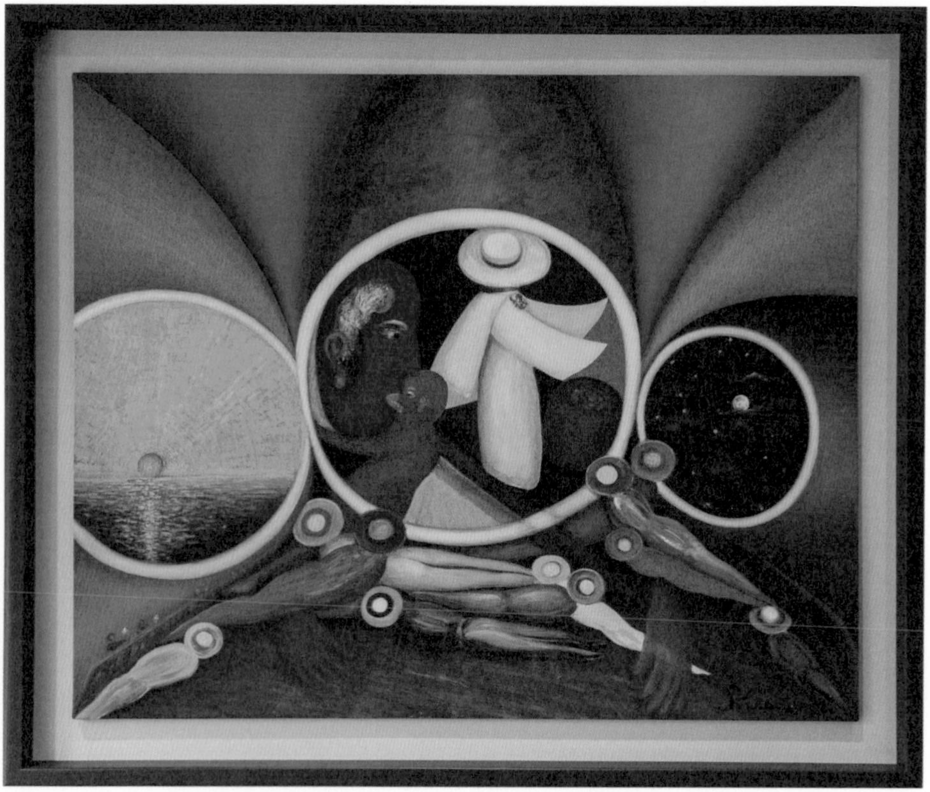

施哲三博士作品《天梯》。

一位朋友介紹了一個在美國從事醫藥生技相關產業的醫學博士給我認識，那就是施哲三先生。施博士既是企業家，同時也是藝術家，喜愛作畫。

有一次，他從芝加哥回到台灣時，打了電話給我，邀請我去他的工作室看看。工作室裡擺了許多他的畫作，我隨意瀏覽過幾幅後，施博士特地帶我去看一幅畫──《天梯》。然後他問我：「能不能和我分享一下你看到這幅畫時的感受？」我不懂藝術，對於這樣不求寫實，更多的是寫意抽象的畫作，自然更不敢說懂了，於是只能老實地說出自己的感受：「我覺得這幅畫很有能量。這幅畫讓我感到似乎充滿了愛、充滿了希望，畫作的用色充滿了啓發與力量。」我說：「眞正的內涵我不懂，但我感覺這是一幅很好、很有深度的畫。能否請教這幅畫創作時的理念是什麼？」施博士於是提及自己是一位虔誠的基督徒。他說，他想用愛、希望、和平去勸人爲善，他把所有這樣的心願都寄託在這幅畫中。他也曾帶著這幅畫，到很多國家去，專為小朋友做演講，只希望能夠把這樣的心念不分國家地傳給我們的下一代。

說到激動處，施博士的眼眶中閃動著淚水，我也深深被他的精神所打動。他說完後頓了頓，才又接著說：「你看得懂這幅畫，我很感動。」

施博士說，他一直希望能在台灣設立一個台灣藝術文化園區。所謂的「台灣藝術文化園區」，就是希望有一個場所或平台，能夠展示台灣藝術創作者的作品，不只讓台灣人能了解自己的藝術，也能夠介紹給觀光客。我和施博士的理念可說是不謀而合，那日我們相談甚歡，也就這樣定下了施博士的畫作進駐美術館的事宜。

而讓我們結緣的作品《天梯》，在最近也與國際知名的法蘭瓷合作，將此一作品轉以陶瓷立體呈現，取名為「天瓶」。讓這一件充滿愛、希望、與和平的作品，能以不同的型態傳遞一樣的理念與精神，繼續感動更多的人。

讓美術館和大家更親近

美術館中有了與我們理念相契的創作者的作品，然而事情並非到這裡就結束了。施博士基於一種信賴將畫作交給我們，那麼「如何讓看的人更有感受」就成了我們的課題。美術館一開始是在餐廳的營業時間內全面開放的，任來客自由參觀。但很快地我們就發現，絕大多數的人都是漫無目的地進去走一圈就出來了，不到三分鐘，相信也沒在他們心中留下任何感受。

我一直相信，生活裡面本來就該充滿藝術，藝術可以自然而不拘謹，懂或不懂不是最重要的，只要能用心去感受、讓自己的生活多一份體驗，那就足夠了。隨意地賞畫是種魅力，但隨便看看過眼就忘，那就大大違背我們在此設置美術館的初衷，也辜負了施博士對於文化園區的支持。

後來，美術館就成了現在的營運模式——有專人導覽的時候才開放，或者需提前預約。那麼「專人」又從哪裡來?對我來說,茶是如此,畫也是如此,專業知識的部分,術業有專攻,那從一開始就並非我們所擅長的,我們要做的,只是增加一點契機,讓這些原先就很美好的事物走入人們心中。所以,我們的每一個員工,只要願意和顧客分享自己的感受、對施博士的背景和理念有基本的了解,便都可以是「專人」。

由於我們的團隊並不具備藝術專業,所以反而不會拘泥於傳統畫廊或展覽用講解創作者流派、繪畫技巧等角度切入,來帶觀賞者進入畫作的方式。像我們的江經理或劉大哥,以及彈古箏的涂老師,在導覽的時候,會和參觀者談施博士的生平及經歷,這三個老中青不同世代的導覽員,透過自己不同的成長經歷所累積出的人生經驗,以自己的感受作爲引子,引導參觀者一起來分享欣賞畫作時的感受。每個人的感受總會有所不同,以畫爲鏡,這就是人生,這就是生活,這也是藝術。我們的人生中,有大半的時間，可能都習慣、也被要求對任何事情都要有大衆認可的標準答案，但是活到現在，我清楚明白很多事情其實沒有，或者也不需要標準答案，欣賞藝術的時候尤其是如此。只要有一個人願意開頭分享自己的感受，不管是多簡單、多麼脫離所謂「標準」的答案都好，漸漸地就會有第二種、第三種聲音，大家對畫作的感受也會因此愈來愈豐富。我反而覺得，這正是因爲我們的團隊用眞心誠意去傳遞感受，才能做到這樣的事。

3-5 心五藝：創藝

遇見「紅衣女神」

美術館有了施哲三博士的畫作進駐，營運終於開始上了軌道。但我知道任何一件事情，看起來有個樣子、或已經不錯了的時候，那種「好」絕對不是一個靜止的狀態，永遠都能夠多做些什麼來讓它更好；而我也一直沒有忘記，當初和施博士暢談過的文化園區或是文創平台的理念。我一直都認爲，當陽明春天開始經營出一點口碑以後，如果自己成了個稍微有點影響力的人，就要用這份影響力再去幫忙更多人。

而奇妙的緣分也就這樣一一到來。

有回我和施博士通電話時，他若有所思地和我談起他的畫作《紅衣

施哲三博士作品《紅衣女神》。

女神》。這幅畫畫中有位紅衣女子，正在彈奏鋼琴，他說，這位女神的原型，正是他讀醫學院的時候，從日本來台表演，其鋼琴魅力風靡全台，甚至讓全台灣吹起一股習鋼琴熱潮的藤田梓女士。藤田梓老師後來嫁給台灣知名小提琴家、音樂界作育人才的重要推手鄧昌國先生，她也在台灣創辦了「中華蕭邦音樂基金會」，舉辦過上千場國際型演奏會，還承辦鋼琴比賽、大師班演講等活動，爲台灣培育了無數的音樂人才。施博士說，下次他回台灣時，想去探望藤田梓老師，我於是告訴他，我可以開車載他前去拜訪，就這樣認識了這位鋼琴界的傳奇教母。

因爲這份機緣，藤田梓老師後來邀請我擔任蕭邦音樂基金會的董事，協助推廣蕭邦音樂的一些事宜；也是因著這份薰陶，後來我在美術館中收藏了一部鋼琴，每個月舉辦不同的公益音樂表演活動，讓更多優秀的鋼琴家有被大家看見的機會。

我們的江經理小江和我分享過他與施哲三先生、藤田梓老師兩位藝術家的一段互動，我想這或許可以爲我們之間彼此的契合做註腳。有一次施博士和小江一同欣賞自己的畫作時，施博士問小江：「你看了這幅畫以後覺得怎樣？」小江很老實地回答：「抱歉，施博士，我看不懂。」施博士又說：「你不用懂，你告訴我看了以後覺得怎樣就好。」小江略爲思索後，直率地說：「哦……很熱鬧啊。」施博士於是笑著對他說：「很好，你有感受，代表你去感覺了這幅畫，那麼這幅畫對你而言就有意義。」

又有一次，是藤田梓老師演奏完後問小江：「聽起來感覺如何？」小江依然老老實實地回答：「古典樂我不太懂，我只知道倒垃圾的時候，音樂是《給愛麗絲》。」藤田梓老師大方地說：「沒關係啊，你又沒有要當演奏家，你聽完以後覺得怎麼樣？」小江回答：「嗯……感覺很舒服。」藤田梓老師點點頭：「那就好啦，那表示你對這個樂曲有感覺了，這樣就有意義了。」

不同國籍、不同領域，生長背景也完全不同的藝術家，卻同樣地都是這麼親切，也同樣地從不認爲藝術該是高高在上的東西。這和我的想法不謀而合：藝術就是生活，只要有感動，那就是美在心中萌芽的時刻。

讓藝術走入他人生命中，藝術也就走入自己的生命中

後來，除了鋼琴演奏，我們還陸陸續續辦過演講，現場書法揮毫，非洲鼓、古箏、長笛、小提琴、鋸琴演奏，弦樂二重奏、四重奏……等各式各樣的活動，甚至還開辦過手工香皀課、廚藝課等課程。有時在美術館內聆賞音樂，有時天氣好，就在餐廳不遠處的露天劇場演出。

一開始，或許顧客不習慣，我們也還不太習慣舉辦這樣的活動，也曾

只有三、五個觀衆前來參與。然而隨著時間過去，當這個地方對顧客而言的價值不再只有餐廳，不再只是來吃一頓飯就要離開，而是用完餐還可以喝杯茶歇歇腳、可以欣賞美景、可以玩賞畫作，有時甚至還會有表演可看的地方時，舉辦表演時欣賞的觀衆漸漸就多了，氣氛也融洽了起來。

現在，每個月在園區內至少會有一場藝術表演，我總不能免俗地必須拿起麥克風致詞示意，當我講完後，意外的是，很多人都會問我：「陳先生你是不是學藝術的？是學設計還是學音樂的？」從藝術的門外漢、接洽時的不順或者常被刁難，到現在有這樣的轉變，我都會跟大家分享，面對音樂、藝術，我們都不是專業的評論家，也無須做無謂的評論，只要打開你的心去感受、接納，它就是一個眞正的心靈饗宴。

我原先只是想讓更多藝術家能多一個舞台發光發熱，想和大家分享接觸藝術時內心無以言喻的感動，但在豐富他人的過程中，生命受到最多滋潤的，卻是我自己。

體驗經濟的另一面向：要感動別人之前，先要感動自己

在開始談「心五藝」的時候，我曾經提及，我們著眼的是「體驗的力量」，希望透過各種最眞實的感受，將完整的感動傳達給每位顧客。然而對我來說，這種體驗的力量不只是單向的，不僅只是設計好流程、訓練好員工，跟顧客產生雙向的互動，以便加深前來的顧客的體驗，同時也要加深所有伙伴們在工作中的體驗。先感動自己，才有可能發自內心地將這種感動傳達給別人。

在陽明春天創辦初期，研發菜單的時候，我便很清楚地體認到，唯有

彼此分享理念、一起理解這個企業的核心精神，才有可能把每個人在不同的生長背景、工作經歷中得到的養分，一一轉化爲可以爲企業所用的頭腦，讓每個人都可以從不同角度出發，爲企業尋得一個更完滿的看事情方法。

我們的團隊並不大，也不像一般公司，清楚地區分爲研發、行銷、公關等等部門；我們的各種決定往往都是大家一起討論出來的，每隔一段時間就會定期開會，每個人都可以說出他在自己的工作崗位上看見的問題、想到的改進方法等等。我認爲，陽明春天做到的許多事情，其實都是在這樣的團隊架構下完成的。我們在轉型、擴展、接觸其他領域的期間，從未有過正式的顧問，除了多才多藝的顧客們友情相挺以外，完成每一件事情，靠的就是團隊中每個人的互補。就好比拿木頭來做一張桌子，紋路漂亮的做桌面、堅實穩固的做桌腳；一個人做不了什麼事，全部的人一起合作，就可以做很多事。

而這樣的團隊，就像其他任何關係緊密的團隊一樣，是共同經歷各種事情以後，慢慢打磨出來的。在員工面試的時候，雖然資歷是一個人適不適合某個職位的一項很好的指標，但我最看重的卻非資歷，而是對方的人格特質，以及我們的理念是否相契。對企業的文化有一定程度的認同，工

2016年初，霸王級寒流來襲，餐廳園區內變成了一片銀白世界。（圖片由陽明春天提供）

作起來也會比較有熱忱。

接下來，就有賴一同爲某事奮鬥打拚的感情，將大家聯繫在一起。記得餐廳的籌備期，大家一起住在山上的宿舍，一起研發菜單、練習擺盤、研討各種細節；空閒時間則對坐喝茶，或者一起去泡溫泉和吃宵夜。另外整地和許多工程的作業，除了有工人的幫忙外，大家也都是從頭到尾一起動手的。我還記得新鮮的草皮運來那一天，大家都很緊張，生怕我們動作不夠快，來不及將草苗種進土裡，草就要枯死了。大家頂著烈日，小心翼翼地種下一株株的小草，有的翻土、有的搬移、有的彎腰栽種、有的灑水……那天直忙到晚上十一點園區斷電，大家才陸續收工。隔天一早，每個人都一臉興奮地搶著要看看昨日自己種下的草皮，經過一夜後是否安好。在那一刻，再沒有人是懷抱著單純找一份工作餬口的神情來注視這片土地，他們臉上滿滿的開心與成就感，更讓我確信，體驗可以帶給每一個人感動。

爲了增進彼此之間的了解，我們總會定期舉辦讀書會。許多人平日並沒有閱讀的習慣，對於要分享什麼給其他人十分苦惱，因此第一次，我要他們把自己當成一本獨一無二的書，把自己介紹給平日一起工作的伙伴。雖然我們大家每天相處的時間那麼長，但是工作之餘，每個人都還有許多面貌等著別人去發掘：廚房的女學徒一開始踏入餐飲業，只是爲了要做出一罐可口的果醬；剛從學校畢業就加入外場的女同事，原來以前曾經到若水茶舍來喝茶，深深著迷於那份幽緩的氛圍；有些人對於推廣素食懷有熱忱，有些人的興趣則在藝術領域……

漸漸地，大家愈來愈熟悉，會在讀書會上分享自己的興趣，或是自己擅長領域的文章。我一次又一次體認到，大家平日雖然穿著一樣的制服，但每個人的內在都是獨特且美妙的。有人對音樂頗有涉獵，有人竟然是機電專家；也有會設計、苦練書法多年、另有化工長才，或是對電影很有研究的。大家聚在一起分享的同時，不僅增進了彼此的情誼，也開拓了彼此的視野。有時我們也會就這些內容思考：有沒有哪些興趣或專長可以和餐廳提供的服務結合？比如用餐時現場揮毫、餐後可留作紀念的書法菜單，以及舉辦各項藝文活動時的海報設計，就是這樣的討論下的產物。在日常的工作之外，自己擅長卻往往難以當作工作的領域中發揮時，我常會看見伙伴們較往常更有自信，也更光彩煥發的模樣。

又比如我愛喝茶，香茗一杯在手，人與人在那短暫的片刻可以有的放鬆，以及可以達到的最眞心卻又無負擔的交流，是令我非常著迷的。一邊喝著熱茶，一邊閒談，小至現實生活中的諸般快樂或不順、大至夢想或理念，我們無一不談。甚至也可趁機了解大家對公司的想法。

另外，大家也會一起參加各種公益活動、義賣，並持續關心社會上的弱勢團體，讓陽明春天懷抱眞心、啓蒙善念的理念，能夠眞正成爲每個伙伴都能認同的生活信念。

一件件看似平凡的小事，一點一滴的日常累積，都使我們愈來愈有凝聚力。我始終希望，在陽明春天工作的每個伙伴，在這裡既能夠接觸到工作上的專業技能，也能體驗到自己原先不熟悉的事物；我希望，工作不只是勞務與薪資之間的對價關係，更能夠包含自我及對生活周遭的探索、發掘、了解、關心、感恩、分享、成長……等各種面向。我相信，一個能在這份工作中不斷發掘、不斷得到感動的人，才能源源不絕地帶給顧客更多的感動。

寫在最後——

體驗美好　也把美好傳遞出去

什麼是「成功」的祕訣？

雖然所謂「成功」很難有一個明確的定義，但陽明春天的轉型之路走到現在，至少算是站穩了腳步；在素食餐廳中，也建立起了自己的口碑。如今，台灣各行各業有許多人想將自己的事業和文創結合，如果我能夠給一點建議，我想我會說，做文創要能成功，最基本的是定位要很清楚。加上有興趣、有正確的商業判斷、清楚的數字觀念、邊做邊調整的能力，還要有一個好的、能夠互補的團隊。

有藝文專業就有專業的做法，但是非本科也有非本科的優勢。眞心誠意地去思考每個顧客的需要，因爲顧客就如同我們自己；我們所心悅喜愛的，也就是一般大衆會需要的服務。然後把定位明確的定下來，就不會什麼都想試、什麼都覺得可以做做看；就不會美其名廣納各家優點，卻反變成走不出自己風格的四不像。

另外，在本業以外，擴展觸角接觸自己不熟悉的領域時，超出預期的狀況一個接一個絕對是難免的，此時最重要的是保持邊做邊觀察市場反應、邊做邊調整的能力。想要一開始就擬定萬無一失的執行計畫是很難的，遇到問題就解決，從解決問題的過程中學習、成長，這樣才是比較實際可行的。

而在擴展觸角的同時，也要記住：文創是無中生有，試圖抓住空中的樓閣時，別忘了顧好原有的本業才是最重要的。陽明春天轉型的過程中，之所以能有一次又一次嘗試錯誤、邊觀察邊調整做法的空間，全來自於我們有本業——餐廳的營收足以支撐。本業是我們的立足之處，總要有這樣的一隅當作基礎，才能夢想在這穩固的基礎上蓋各式各樣的，無論多高或多壯觀的大樓。

最後，團隊的素質和內涵，決定了這個團隊的眼光，以及能吸引到的客群。

有人問過我：「『堅持做對的事』和『視情況迅速調整』，兩者之間是否有衝突？分寸如何拿捏？」我想，只要確定自己做的事情是對的、自己走的路是符合定位且值得的，那麼實行遇到困難時，該做的就是調整實施方法，而非放棄這個項目。

最好的工作：兼顧經濟、體驗生活

如果要我分享陽明春天之所以能夠獨樹一格的原因，我想我會說，因爲我們不管是環境、菜單，還是團隊，所有的一切都是爲了創造超越顧客的期待而努力。可以隨著時局成長，不斷地發展出更多更多新的好東西。而能這樣做的關鍵在於，我們全都是眞心的想將這純善美好的一切與顧客分享。原因無他，因爲我們也一直深深體驗著這份美好。爲人付出正能量，自己也會得到更好的能量回饋，我想這就是眞理。

當時，一個不殺生的起心動念，讓我創辦了陽明春天。至今，這一路走來，猶如一道生命昇華的階梯，每一個遇到的困難，都讓我生出更大的智慧；經歷的每一件事情，都讓我心生恭敬與感恩，讓我學會細細行去。

我們在這個園區所做的一切，包括景色的修飾、料理的用心、茶香、藝術、動植物，風的呼息或氣味，一點一滴凝聚成一種美好的感受，使得在這裡的一切如此具有感染力。那份美好是充滿能量的，而我更希望那份正能量，能夠影響很多處於無明煩惱中的人；能夠讓時常庸庸碌碌為塵務所擾的人，尋得一絲清明。

我感謝上天給我奇蹟的恩典與特別的磨礪，讓我一路行來，做中學，做中覺，做中修，做中成；更讓我能將這份恩賜與感動化為動力，敬慎地傳遞給他人，為這世間點起一盞又一盞意料之外的美好。

陽明春天——
深入寧靜幽雅的深山
拋開您煩惱的都市
卸下您競爭的工作
聽著鳥兒一同輕
讓微風輕輕拍打著
有如世外桃源般的

WIN 016

苦過的回味是甘甜：
我就是這樣學著打造一間感動人的餐廳

口　述——陳健宏
採訪撰稿——蘇日雲
主　編——林芳如
責任編輯——劉　璞
執行企劃——廖婉婷
美術設計——李佳隆
內文排版——黃庭祥
圖片攝影——張晉瑞

董事長——趙政岷
出版者——時報文化出版企業股份有限公司
108019台北市和平西路三段二四〇號七樓
發行專線——（02）2306-6842
讀者服務專線——0800-231-705
（02）2304-7103
讀者服務傳真——（02）2304-6858
郵撥——一九三四四七二四時報文化出版公司
信箱——一〇八九九臺北華江橋郵局第九九信箱
時報悅讀網——http：//www.readingtimes.com.tw
電子郵件信箱——books@readingtimes.com.tw
法律顧問——理律法律事務所　陳長文律師、李念祖律師
印　刷——金漾印刷有限公司
初版一刷——二〇一六年三月十八日
初版二刷——二〇二〇年八月十四日
定　價——新台幣三五〇元
（缺頁或破損的書，請寄回更換）

時報文化出版公司成立於一九七五年，並於一九九九年股票上櫃公開發行，於二〇〇八年脫離中時集團非屬旺中，以「尊重智慧與創意的文化事業」為信念。

苦過的回味是甘甜：我就是這樣學著打造一間感動人的餐廳 /
陳健宏口述 ; 蘇日雲採訪撰稿.
-- 初版. -- 臺北市 : 時報文化, 2016.03
面；　公分

ISBN 978-957-13-6575-6(平裝)

1.餐飲業管理
483.8　　105002955

ISBN 978-957-13-6575-6
Printed in Taiwan